全国机械行业高等职业教育"十二五"规划教材

高等职业教育教学改革精品教材

模具数控铣削加工实习与培训

主　编　王　霆

副主编　吕国伟

参　编　陈国亮　罗　珊

主　审　郎荣兴

机 械 工 业 出 版 社

本书主要以 FANUC 系统的哈挺 VMC480 P3 型立式加工中心为载体，以模具零件在数控铣削加工领域的应用为主线，按照知识和能力递进的原则，分为数控加工的编程操作培训、模具零件的基本加工实习、模具零件的生产技能实习三个学习领域，将模具数控加工的实际操作训练流程由浅入深地传递给学生，使学生能够边学边做，更加深刻地理解相关知识。同时，配合相关的教学设计和大量的训练习题，力求使学生更加熟练地掌握模具数控加工的操作技能。

本书以培养生产一线模具数控加工操作人员为教学目标，力求满足理实一体化的教学需要，适合初次上岗的数控加工操作人员和高职院校的学生使用。

为方便教学，本书配备电子课件等教学资源。凡选用本书作为教材的教师均可登录机械工业出版社教育服务网 www.cmpedu.com 注册后免费下载。咨询电话 010-88379375。

图书在版编目（CIP）数据

模具数控铣削加工实习与培训/王霆主编. —北京：机械工业出版社，2019.1

全国机械行业高等职业教育"十二五"规划教材　高等职业教育教学改革精品教材

ISBN 978-7-111-61535-4

Ⅰ.①模…　Ⅱ.①王…　Ⅲ.①模具-数控机床-铣削-高等职业教育-教材　Ⅳ.①TG547

中国版本图书馆 CIP 数据核字（2018）第 284582 号

机械工业出版社（北京市百万庄大街 22 号　邮政编码 100037）
策划编辑：赵志鹏　责任编辑：赵志鹏
责任校对：张　征　封面设计：马精明
责任印制：张　博
唐山三艺印务有限公司印刷
2019 年 2 月第 1 版第 1 次印刷
184mm×260mm·8 印张·190 千字
0001—1900 册
标准书号：ISBN 978-7-111-61535-4
定价：22.00 元

前言

为培养适应社会需求的高素质技能型应用人才，编者以模具设计与制造专业塑料成型与模具技术方向为试点，以江苏高校品牌建设工程一期项目立项专业和江苏省高水平高等职业院校建设项目重点建设专业——模具设计与制造专业为依托，开展高职课程模式改革。改革依据职业岗位（群）工作任务体系，结合模具行业现状及其发展趋势，紧密跟踪现代模具设计与制造技术的发展方向，打破传统的课程体系，从岗位工作任务分析入手，通过课程分析、知识和能力分析，构建了"以工作任务为中心，以项目课程为主体"的高职模具设计与制造专业课程体系，课程内容充分体现理论与实践的结合，以及知识与技能的综合，素质拓展贯穿全程。

本书是基于江苏省品牌专业和高水平院校建设重点专业——模具设计与制造专业整体教学改革框架开发的。全书以模具零件在数控铣削加工领域的应用为主线，按照知识和能力递进的原则分为数控加工的编程操作培训、模具零件的基本加工实习、模具零件的生产技能实习三个学习领域；每个学习领域又分为任务目标、考核与评价两个部分，将模具数控加工的实际操作训练流程由浅入深地传递给学生，使学生能够边学边做，更加深刻地理解相关知识。同时，配合相关的教学设计和大量的训练习题，力求使学生更加熟练地掌握模具数控加工的操作技能。

本书由常州机电职业技术学院王霆任主编，常州机电职业技术学院吕国伟任副主编，郎荣兴任主审。参加编写的还有常州机电职业技术学院陈国亮、常州工程职业技术学院罗珊。具体编写分工为：王霆负责编写学习领域1中的任务目标，吕国伟负责编写学习领域2中的任务目标，陈国亮、罗珊负责编写学习领域3中的任务目标，王霆、吕国伟负责编写全书中的考核与评价方案设计及附录，吕国伟、陈国亮、罗珊负责编写全书的考核试题库及答案。

常州机电职业技术学院校企合作单位、"校中厂"常州博赢模具有限公司，校企合作单位常州明杰模具有限公司，常州展翔模具厂的工程师们为本书提供了大量的素材，并提出了许多宝贵意见，在此一并致以衷心的感谢！

由于作者水平有限，书中欠妥之处在所难免，恳请读者批评指正。

编　者

目录

学习领域 1
数控加工的编程操作培训

1.1 任务目标

1.1.1 了解数控技术的基本理论知识

1. 数控机床概述

数控机床（Numerical Control Machine Tools）是一种应用数字计算技术进行控制的机床。它把机械加工过程中的各种控制信息用代码化的数字表示，通过信息载体输入数控装置；经运算处理由数控装置发出各种控制信号，控制机床的动作，按图样要求的形状和尺寸自动地将零件加工出来。数控机床较好地解决了复杂、精密、小批量、多品种的零件加工问题，是一种柔性、高效能的自动化机床，代表了现代机床控制技术的发展方向，是一种典型的机电一体化产品。

数控机床主要由以下几个部分组成：

（1）输入装置　作用是将数控指令输入数控装置。根据程序载体的不同，相应地有不同的输入装置。目前主要有键盘输入、磁盘输入、CAD/CAM 系统直接通信方式输入和连接上级计算机的直接数控输入，现仍有不少系统还保留有光电阅读机的纸带输入方式。

纸带输入方式：可用纸带光电阅读机读入零件程序，直接控制机床运动，也可以将纸带内容读入存储器，用存储器中存储的零件程序控制机床运动。

MDI 手动数据输入方式：操作者可利用操作面板上的键盘输入加工程序的指令，适用于比较短的程序。在控制装置编辑状态（EDIT）下，使用 CF 卡导入加工程序，并存入控制装置的存储器中，这种输入方式可重复使用程序。一般手工编程均采用这种方法。

在具有会话编程功能的数控装置上，可按照显示器上提示的问题，选择不同的菜单，利用人机对话的方法，输入有关的尺寸数字，就可自动生成加工程序。

直接数控输入方式（DNC）：把零件程序保存在上级计算机中，CNC 系统一边加工一边接收来自计算机的后续程序段。这种输入方式多用于采用 CAD/CAM 软件设计的复杂工件并直接生成零件程序的情况。

（2）输出装置　输出装置与伺服机构相连。输出装置根据控制器的命令接收运算器的输出脉冲，并把它送到各坐标的伺服控制系统，经过功率放大，驱动伺服系统，从而控制机床按规定要求运动。

（3）数控装置　数控装置是数控机床的核心。现代数控装置均采用 CNC（Computer Numerical Control）形式，这种 CNC 装置一般使用多个微处理器，以程序化的软件形式实现数控功能，因此又称为软件数控（Software NC）。它是一种位置控制系统，根据输入数据插补出理想的运动轨迹，然后输出到执行部件加工出所需要的零件。

（4）伺服驱动装置　伺服系统是数控机床的重要组成部分，用于实现数控机床的进给伺服控制和主轴伺服控制。伺服系统的作用是把接收的来自数控装置的指令信息，经功率放大、整形处理后，转换成机床执行部件的直线位移或角位移运动。由于伺服系统是数控机床的最后环节，其性能将直接影响数控机床的精度和速度等技术指标，因此，数控机床的伺服驱动装置应具有良好的快速反应性能，能准确而灵敏地跟踪数控装置发出的数字指令信号，并能忠实地执行来自数控装置的指令，提高系统的动态跟随特性和静态跟踪精度。伺服系统包括驱动装置和执行机构两大部分。驱动装置由主轴驱动单元、进给驱动单元和主轴伺服电动机、进给伺服电动机组成。步进电动机、直流伺服电动机和交流伺服电动机是常用的驱动装置。测量元件将数控机床各坐标轴的实际位移值检测出来并经反馈系统输入机床的数控装置中，数控装置对反馈回来的实际位移值与指令值进行比较，并向伺服系统输出达到设定值所需的位移量指令。

（5）机床本体　机床本体是数控机床的主体，它包括床身、底座、立柱、横梁、滑座、工作台、主轴箱、进给机构、刀架及自动换刀装置等机械部件。它是在数控机床上自动地完成各种切削加工的机械部分。

2. 数控机床的分类

随着科技的不断发展，目前已经发展出了许多种数控机床：

1）数控车床（NC Lathe）。

2）数控铣床（NC Milling Machine）。

3）加工中心（Machine Center）。

4）数控钻床（NC Drilling Machine）。

5）数控镗床（NC Boring Machine）。

6）数控齿轮加工机床（NC Gear Holling Machine）。

7）数控平面磨床（NC Surface Grinding Machine）。

8）数控外圆磨床（NC External Cylindrical Grinding Machine）。

9）数控轮廓磨床（NC Contour Grinding Machine）。

10）数控工具磨床（NC Tool Grinding Machine）。

11）数控坐标磨床（NC Jig Grinding Machine）。

12）数控电火花加工机床（NC Diesinking Electric Discharge Machine）。

13）数控线切割机床（NC Wire Electric Discharge Machine）。

14）数控激光加工机床（NC Laser Beam Machine）。

15）数控冲床（NC Punching Press）。

16）数控超声波加工机床（NC Ultrasonic Machine）。

17）其他，如三坐标测量机等。

3. 加工中心简介

加工中心简称 MC，是由机械设备与数控系统组成的用于加工复杂形状工件的高效率自动化机床。加工中心最初是由从数控铣床发展而来的。与数控铣床相同的是，加工中心同样是由计算机数控（CNC）系统、伺服系统、机床本体、液压系统等各部分组成的。但加工中心又不等同于数控铣床，与数控铣床的最大区别在于加工中心具有自动换刀功能，通过在刀库中安装不同用途的刀具，可在一次装夹中通过自动换刀装置改变主轴上的加工刀具，实现钻、镗、铰、攻螺纹、切槽等多种加工功能。

（1）加工中心的结构特点　加工中心本身的结构分为两大部分：一是主机部分，二是控制部分。

主机部分主要是机械结构部分，包括床身、主轴箱、工作台、底座、立柱、横梁、进给机构、刀库、换刀机构、辅助系统（气液、润滑、冷却）等。

控制部分包括硬件部分和软件部分。硬件部分包括计算机数字控制（CNC）装置、可编程序控制器（PLC）、输出/输入设备、主轴驱动装置及显示装置。软件部分包括系统程序和控制程序。

1）机床的刚度高、抗振性好。为了满足加工中心高自动化、高速度、高精度、高可靠性的要求，加工中心的静刚度、动刚度和机械结构系统的阻尼比都高于普通机床。机床在静态力作用下所表现的刚度称为机床的静刚度；机床在动态力作用下所表现的刚度称为机床的动刚度。

2）机床的传动系统结构简单，传动精度高、速度快。加工中心的传动装置主要有三种，即滚珠丝杠副、静压蜗杆-蜗母条及预加载荷双齿轮-齿条。它们由伺服电动机直接驱动，省去齿轮传动机构，传动精度高、速度快。

3）主轴系统结构简单，无齿轮箱变速系统。主轴功率大，调速范围宽，并可无级调速。目前加工中心 95%以上的主轴传动都采用交流主轴伺服系统，驱动主轴的伺服电动机功率一般都很大。由于采用交流伺服主轴系统，主轴电动机功率虽大，但输出功率与实际消耗的功率保持同步，不存在大马拉小车那种浪费电力的情况，因此其工作效率最高，从节能角度看，加工中心又是节能型设备。

4）加工中心的导轨都采用了耐磨损材料和新结构，能长期保持导轨的精度，并在高速重切削下，保证运动部件不振动、低速进给时不爬行及运动中的高灵敏度。所以加工中心的精度及寿命比一般的机床高。

5）设置有刀库和换刀机构。这是加工中心与数控铣床和数控镗床的主要区别，使得加工中心的功能和自动化加工的能力更强。加工中心的刀库容量少的有几把，多的达几百把。这些刀具通过换刀机构自动调用和更换，也可通过控制系统对刀具寿命进行管理。

6）控制系统功能较全。它不但可对刀具的自动加工进行控制，还可对刀库进行控制和管理，实现刀具自动交换。有的加工中心具有多个工作台，且工作台可自动交换，不但能对一个工件进行自动加工，而且可对一批工件进行自动加工。这种多工作台加工中心有的被称为柔性加工单元。随着加工中心控制系统的发展，其智能化的程度越来越高，如 FANUC 0i 系统可实现人机对话、在线自动编程，通过彩色显示器与手动操作键盘的配合，还可实现程序的输入、编辑、修改、删除，具有前台操作、后台编辑的前后台功能。加工过程中可实现在线检测，检测出的偏差可自动修正，保证首件加工一次成功，从而可以防止废品的产生。

（2）加工中心的主要加工对象　加工中心适宜于加工复杂、工序多、要求较高、需用多种类型的普通机床和众多刀具与夹具，且经多次装夹和调整才能完成加工的零件。其加工的主要对象有箱体类零件、复杂曲面、异形件、盘套板类零件和特殊加工五类。

1）箱体类零件。箱体类零件一般是指具有一个以上孔系，内部有型腔，在长、宽、高方向有一定比例的零件。这类零件在机床、汽车、飞机制造等行业用得较多。箱体类零件一般都需要进行多工位孔系及平面加工，公差要求较高，特别是几何公差要求较为严格，通常要经过铣、钻、扩、镗、铰、锪、攻螺纹等工序，需要刀具较多，在普通机床上加工难度大，工装套数多，费用高，加工周期长，需多次装夹、找正，手工测量次数多，加工时必须频繁地更换刀具，工艺难以制订，更重要的是精度难以保证。

加工箱体类零件的加工中心，当加工工位较多、需工作台多次旋转角度才能完成零件加工时，一般选择卧式镗铣类加工中心；当加工工位较少，且跨距不大时，可选立式加工中心，从一端进行加工。

2）复杂曲面。复杂曲面在机械制造业，特别是航天航空工业中占有特别重要的地位。复杂曲面采用普通机加工方法是难以甚至无法完成的。在我国，传统的方法是采用精密铸造，可想而知其精度是较低的。复杂曲面类零件，如各种叶轮、导风轮、球面、各种曲面成形模具、螺旋桨以及水下航行器的推进器等，均可用加工中心进行加工。比较典型的有下面几种：

① 凸轮、凸轮机构。作为机械式信息储存与传递的基本元件，被广泛地应用于各种自动机械中，这类零件有各种曲线的盘形凸轮、圆柱凸轮、圆锥凸轮、桶形凸轮及端面凸轮等。加工这类零件时，可根据凸轮的复杂程度选用三轴、四轴或五轴联动的加工中心。

② 整体叶轮类。这类零件常见于航空发动机的压气机、制氧设备的膨胀机、单螺杆空气压缩机等，对于这样的型面，采用四轴以上联动的加工中心才能完成。

③ 模具类。如注塑模具、橡胶模具、真空成形吸塑模具、电冰箱发泡模具、压力铸造模具及精密铸造模具等。采用加工中心加工模具，由于工序高度集中，动模、定模等关键件的精加工基本上是在一次安装中完成全部机加工内容，可减小尺寸累计误差，减小修配工作量。同时，模具的可复制性强、互换性好。机械加工留给钳工的工作量小，凡刀具可及之处，尽可能由机械加工完成，这样使模具钳工的工作量主要集中于抛光。

④ 球面。可采用加工中心铣削。三轴铣削只能用球头铣刀进行逼近加工，效率较低，五轴铣削可采用面铣刀作包络面来逼近球面。复杂曲面用加工中心加工时，编程工作量较大，大多数要采用自动编程技术。

3）异形件。异形件是外形不规则的零件，大都需要点、线、面多工位混合加工。异形件的刚性一般较差，夹压变形难以控制，加工精度也难以保证，甚至某些零件的有的加工部位用普通机床难以完成。用加工中心加工时应采用合理的工艺措施，一次或两次装夹，利用加工中心多工位点、线、面混合加工的特点，完成多道或全部工序内容。

4）盘、套、板类零件。带有键槽或径向孔，或端面有分布孔系，曲面的盘套或轴类零件，如带法兰的轴套、带键槽或方头的轴类零件等，还有具有较多孔加工的板类零件，如各种电机盖等。端面有分布孔系、曲面的盘类零件宜选择立式加工中心，有径向孔的可选择卧式加工中心。

5）特殊加工。在熟练掌握了加工中心的功能之后，配合一定的工装和专用工具，利用加工中心可完成一些特殊的工艺工作，如在金属表面上刻字、刻线、刻图案；在加工中心的主轴上装上高频电火花电源，可对金属表面进行线扫描表面淬火；在加工中心上装上高速磨头，可实现小模数渐开线锥齿轮磨削及各种曲线、曲面的磨削等。

（3）加工中心的加工工艺特点

1）可减少工件的装夹次数，消除因多次装夹带来的定位误差，提高加工精度。

2）可减少机床数量，并相应减少操作工人，节省占用的车间面积。

3）可减少周转次数和运输工作量，缩短生产周期。

4）在制品数量少，简化生产调度和管理。

5）使用各种刀具进行多工序集中加工，在进行工艺设计时要处理好刀具在换刀及加工时与工件、夹具甚至机床相关部位的干涉问题。

6）若在加工中心上连续进行粗加工和精加工，夹具既要能适应粗加工时切削力大、刚度高、夹紧力大的要求，又必须适应精加工时定位精度高、零件夹紧变形尽可能小的要求。

7）自动换刀和用自动回转工作台进行多工位加工，决定了卧式加工中心只能进行悬臂加工。

8）多工序的集中加工，要及时处理切屑。

9）在将毛坯加工为成品的过程中，零件不能进行时效，内应力难以消除。

10）技术复杂，对使用、维修、管理要求较高。

11）加工中心一次性投资大，还需配置其他辅助装置，如刀具预调设备、数控工具系统或三坐标测量机等；机床的加工工时费用高，如果零件选择不当，会增加加工成本。

4. 数控机床在模具加工中的应用

随着工业产品不断向多样化和高性能化发展，产品生产厂家要求模具制造业在短时期内为新产品的开发和投产提供高精度的模具。模具制造业为了适应用户的这一要求，充分利用数控加工先进制造技术，使模具加工技术由传统的手工操作进入以数控加工为主的新阶段。

模具作为现代工业生产的重要工具装备之一，对提高产品的产量和质量起着非常重要的作用。模具的设计和制造水平通常也体现出一个国家的工业发展程度。

模具零件制造一般采用单件小批量生产方式，型腔、型芯的形状往往比较复杂，难以在短时间内自动完成，制造质量也不能保证。在数控技术出现之前，除了用于大批量生产的专门生产线具有较高的自动化程度外，各种零件的制造基本上由手工操作完成。此时零件表面一般由直线、圆弧等简单的几何元素构成。数控技术的产生和发展，为复杂曲线、曲面模具零件的单件小批量自动加工提供了极为有效的手段。

电子技术的飞速发展，促进了数控技术由硬件数控到计算机数控的发展，计算机为更有效地使用数控技术发挥了巨大的作用。利用计算机，进一步提高了数控加工的精度，而且不断拓宽了数控技术的应用领域，从复杂的几何造型系统拓宽到计算机辅助工艺规划、数控自动编程等。随着人们对数控加工研究的完善，各种各样的 CAD/CAM 系统不断涌现，目前 CAD/CAM 系统及数控技术在模具加工领域起着不可缺少的作用。

模具生产的特点如下：

1）模具型面复杂、不规则。有些产品如汽车覆盖件、飞机零件、玩具、家用电器等，其表面形状是由多种曲面组合而成的，相应的模具型腔面、型芯也比较复杂，甚至某些曲面必须用数学方法进行处理。

2）模具表面质量及尺寸精度要求高。一套模具通常由上模、下模和模架组成，有些还可能有多件拼合模块。上、下模的组合，镶块与型面的接合，镶块之间的拼合等均要求有很高的加工精度和很低的表面粗糙度值。精密模具的尺寸精度往往要达到微米级。

3）生产批量小。模具是用于大批量生产的工艺装备，作为模具本身的产品数量是很少的。因此模具零件采用典型的单件小批量生产方式，很多情况下只生产一两套。

4）加工工序多。一套模具的制作总离不开车、铣、钻、铰和攻螺纹等多种工序。

5）模具材料优异，硬度高、价格贵。模具多采用优质合金钢制造，特别是高寿命的模具，常采用 Cr12、CrWMn 等材料制造，这类钢材从毛坯锻造、加工到热处理均有严格要求，因此加工工艺的编制就更加不容忽视。

过去模具零件的加工依赖于手工操作，制造的质量不易保证，也难以在短期内完成。目前模具加工广泛采用数控加工技术，从而为单件小批量的曲线、曲面模具自动加工提供了极为有效的手段。

1.1.2　掌握基本编程指令与程序结构

1. 名词解释

（1）坐标系及平面选择　数控系统将刀具移动到指定位置，刀具位置由刀具在坐标系中的坐标值表示，坐标值由编程轴指定。当三个编程轴为 X 轴、Y 轴和 Z 轴时，坐标值表示为：X __ Y __ Z __。例如：图 1-1 所示为由 X40.0 Y50.0 Z25.0 指定的刀具位置。指定刀具位置的坐标时，一般以刀具端面的中心作为坐标点的位置。

1）机床坐标系。机床上的一个用作加工基准的特定点称为机床零点。机床制造厂对每台机床设置机床零点。以机床零点作为原点设置的坐标系称为机床坐标系。在通电之后，需执行手动返回参考点设置机床坐标系。机床坐标系一旦设定，就保持不变，直到电源关掉为止。机床坐标系的方向可以通过右手定则来确定，如图 1-2 所示。

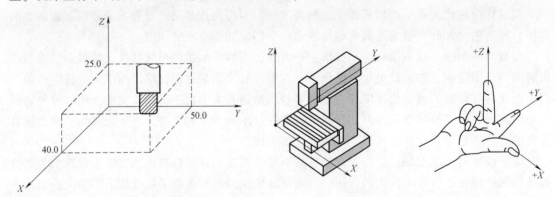

图 1-1　由 X40.0 Y50.0 Z25.0 指定的刀具位置　　　图 1-2　用右手定则判断机床坐标系方向

2）工件坐标系。加工工件时使用的坐标系称为工件坐标系。工件坐标系由 CNC 预先设置（设置工件坐标系）。一个加工程序设置一个工件坐标系（选择一个工件坐标系）。可以通过移动原点来改变设置的工件坐标系（改变工件坐标系）。

使用下面两种方法之一设置工件坐标系：

① CRT/MDI 面板输入。使用 CRT/MDI 面板可以设置六个工件坐标系。

② G92 法。在程序中，在 G92 之后指定一个值来设定工件坐标系。

指令格式：

（G90）G92 X __ Y __ Z __；

说明：

设定工件坐标系，使刀具上的点（如刀尖）位于指定的坐标位置。如果在刀具长度偏置期间用 G92 指令设定坐标系，则 G92 指令用无偏置的坐标值设定坐标系。刀具半径补偿被 G92 指令临时删除。

图 1-3 所示为用 G92 X25.2 Z23.0 指令设置坐标系（刀尖是程序的起点）。图 1-4 所示为用 G92 X600.0 Z1200.0 指令设置坐标系（刀柄上的基准点是程序的起点）。

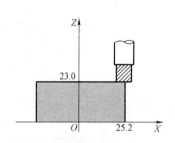

图 1-3　G92 X25.2 Z23.0 指令

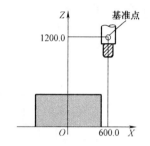

图 1-4　G92 X600.0 Z1200.0 指令

如果发出绝对指令，则基准点移动到指令位置。为了把刀尖移动到指令位置，刀尖到基准点的差，用刀具长度偏差来补偿。

用户也可以任意选择设定的工件坐标系，如下所述：

① 用 G92 指令或自动设定工件坐标系方法设定工件坐标系后，工件坐标系用绝对指令工作。

② 用 MDI 面板可设定六个工件坐标系 G54～G59。指定其中一个 G 代码，可以选择六个中的一个。在电源接通并返回参考点之后，建立工件坐标系 1～6。若无特别指定，则自动选择 G54 坐标系。

用户可以用外部工件零点偏移或工件零点偏移来改变用 G54～G59 指定的六个工件坐标系的位置。常用从 MDI 面板输入的方法来改变外部工件零点偏移值或工件零点偏移值。

3）平面选择。对使用 G 代码的圆弧插补、刀具半径补偿和钻孔，需要用 G 代码选择平面，见表 1-1。

表 1-1　由 G 代码选择的平面

G 代码	选择的平面
G17	XY 平面
G18	XZ 平面
G19	YZ 平面

在不使用 G17、G18、G19 指令的程序段中，平面维持不变。

（2）插补功能　加工时刀具沿构成工件形状的直线和圆弧移动。

图 1-5 所示为刀具沿直线移动。图 1-6 所示为刀具沿圆弧移动。

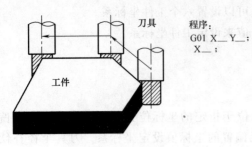

程序：
G01 X__ Y__；
 X__ ；

图 1-5　刀具沿直线移动

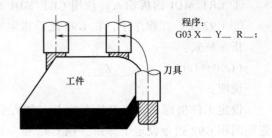

程序：
G03 X__ Y__ R__；

图 1-6　刀具沿圆弧移动

（3）进给功能　为切削工件，刀具以指定速度移动称为进给。图 1-7 所示为进给功能示意图。可以用实际数值指定进给速度。例如：使刀具以 150mm/min 的速度进给移动，在程序中指定 F150.0。指定进给速度的功能称为进给功能。

（4）参考点　一台数控机床设定一个特定位置。通常，在这个位置进行换刀和设定编程的绝对零点。图 1-8 所示为参考点示意图。

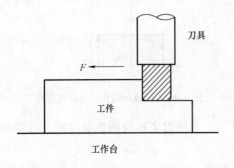

图 1-7　进给功能示意图

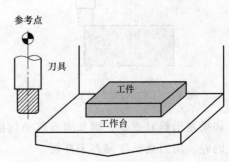

图 1-8　参考点示意图

（5）绝对值指令和相对值指令

1）绝对值指令。绝对值指令是刀具移动到"距坐标系零点某一距离"的点，即刀具移动到坐标值的位置，如图 1-9 所示。

2）相对值指令。指令刀具从前一个位置移动到下一个位置的位移量，如图 1-10 所示。

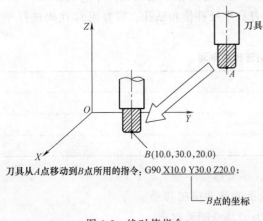

刀具从 A 点移动到 B 点所用的指令：G90 X10.0 Y30.0 Z20.0；

B 点的坐标

图 1-9　绝对值指令

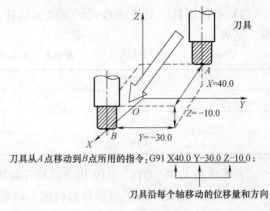

刀具从 A 点移动到 B 点所用的指令：G91 X40.0 Y−30.0 Z−10.0；

刀具沿每个轴移动的位移量和方向

图 1-10　相对值指令

2. 指令代码

（1）预备功能指令（G 代码） 在程序段中，有一些以字母 G 开头的指令代码称为预备功能指令，而跟在地址 G 后面的数字决定了该程序段的指令的意义。G 代码分为非模态 G 代码和模态 G 代码两类。非模态 G 代码只在指令它的程序段中有效；模态 G 代码在指令同组其他 G 代码前一直有效。

例如：G01 和 G00 是 01 组中的模态 G 代码。

G01 X ＿；

Z ＿； ∥直到该范围内 G01 有效

G00 Z ＿；

表 1-2 列出了部分常用 G 代码及其功能。

表 1-2　部分常用 G 代码及其功能

G 代码	组	功　　能
*G00	01	定位
*G01		直线插补
G02		圆弧插补/螺旋线插补 CW
G03		圆弧插补/螺旋线插补 CCW
G04	00	停刀,准确停止
G08		先行控制
G09		准确停止
G10		可编程序数据输入
G11		可编程序数据输入方式取消
*G17	02	选择 XY 平面
*G18		选择 XZ 平面
*G19		选择 YZ 平面
G20	06	英寸输入
G21		毫米输入
G27	00	返回参考点检测
G28		返回参考点
G29		从参考点返回
G33	01	螺纹切削
G37	00	自动刀具长度测量
G39		拐角偏置圆弧插补
*G40	07	刀具半径补偿取消/三维补偿取消
G41		左侧刀具半径补偿/三维补偿
G42		右侧刀具半径补偿
G43	08	正向刀具长度补偿
G44		负向刀具长度补偿

（续）

G 代码	组	功　能
G45	00	刀具偏置值增加
G46		刀具偏置值减小
G47		刀具偏置值的 2 倍
G48		刀具偏置值的 1/2
* G49	08	刀具长度补偿取消
G52	00	局部坐标系设定
G53		选择机床坐标系
* G54	14	选择工件坐标系 1
G54.1		选择附加工件坐标系
G55		选择工件坐标系 2
G56		选择工件坐标系 3
G57		选择工件坐标系 4
G58		选择工件坐标系 5
G59		选择工件坐标系 6
G65	00	宏程序调用
G66	12	宏程序模态调用
* G67		宏程序模态调用取消
G73	09	高速排屑钻孔循环
G74		左旋攻螺纹循环
G76		精镗循环
* G80		固定循环取消/外部操作功能取消
G81		钻孔循环、锪镗循环或外部操作功能
G82		钻孔循环或反镗循环
G83		排屑钻孔循环
G84		攻螺纹循环
G85		镗孔循环
G86		镗孔循环
G87		背镗循环
G88		镗孔循环
G89		镗孔循环
* G90	03	绝对值编程
* G91		增量值编程
G92	00	设定工件坐标系或最大主轴速度限制
* G94	05	每分钟进给
G95		每转进给
* G98	10	固定循环返回到初始点
G99		固定循环返回到 R 点

* 模态 G 代码。

说明：

1）如设定参数，使电源接通或复位时 CNC 进入清除状态，此时模态 G 代码的状态如下：

① 当电源接通或复位而使系统为清除状态时，原来的 G20 或 G21 保持不变。

② 设定参数可以选择 G00 或 G01。

③ 设定参数可以选择 G90 或 G91。

④ 设定参数可以选择 G17、G18 或 G19。

2）00 组 G 代码中，除了 G10 和 G11 以外，其他的都是非模态 G 代码。

3）可以在同一程序段中指令多个不同组的 G 代码。如果在同一程序段中指令了多个同组的 G 代码，则仅执行最后指令的 G 代码。

4）如果在固定循环中指令了 01 组的 G 代码，则固定循环被取消，这与指令 G80 的状态相同。注意：01 组的 G 代码不受固定循环 G 代码的影响。

5）G 代码按组号显示。

（2）辅助功能指令（M 代码） 辅助功能指令（M 代码）用于指定主轴起动、主轴停止及程序结束等。当地址 M 之后指定数值时，代码信号和选通信号被送到机床。机床使用这些信号去接通或断开它的各种功能。通常，在一个程序段中仅能指定一个 M 代码。在某些情况下，对于一些机床也可以最多指定三个 M 代码。哪个代码对应哪个机床功能，由机床制造厂决定。

表 1-3 列出了常用 M 代码及其功能。

表 1-3 常用 M 代码及其功能

M 代码	功　　能	M 代码	功　　能
M00	程序停止	M13	主轴正转,切削液开
M01	选择停止	M14	主轴反转,切削液开
M02	程序结束,光标停留在原处	M15	主轴停止,切削液关
M03	主轴正转	M19	主轴定向
M04	主轴反转	M29	刚性攻螺纹
M05	主轴停止	M30	程序结束,光标返回程序起始处
M06	自动换刀指令	M98	调用子程序
M08	切削液开	M99	子程序结束,返回主程序
M09	切削液关		

除了 M98、M99 或调用子程序或调用宏程序的 M 代码外，其他 M 代码由机床厂处理，见机床制造厂的说明书。

下面对经常用到的几个 M 代码进行详细解释。

1）M02、M30（程序结束）。它们表示主程序的结束，自动运行停止，并且 CNC 单元复位。在指定程序结束的 M30 程序段执行之后，程序控制光标返回到程序的开头。

2）M00（程序停止）。在包含 M00 的程序段执行之后，自动运行停止。当程序停止时，所有存在的模态信息保持不变。用循环启动使自动运行重新开始。具体情况随机床制造厂不同而有区别。

3）M01（选择停止）。与M00类似，在包含M01的程序段执行以后，自动运行停止。只是当机床操作面板上的任选停机的开关置1时，这个代码才有效。

4）M98（子程序调用）。这个代码用于调用子程序。

5）M99（子程序结束）。这个代码表示子程序结束。执行M99使程序控制光标返回到主程序。

一般情况下，在一个程序段中仅能指定一个M代码。但有时在一个程序段中一次最多也可以指定三个M代码。在一个程序段中指定的三个代码同时输出到机床。这意味着与在一个程序段中指定一个M代码的方法相比较，在加工中这种方法可以实现较短的循环时间。

CNC允许在一个程序段中最多指定三个M代码。但是，由于机床操作的限制，某些M代码不能同时指定。有关机床操作对一个程序段中指定多个M代码的限制，见机床制造厂的说明书。M00、M01、M02、M30、M98、M99和M198不得与其他M代码一起指定。

某些M00、M01、M02、M30、M98和M99以外的M代码也不能与其他M代码一起指定，这些M代码必须在单独的程序段中指定。这种M代码包括使CNC将M代码本身送往机床，同时还使CNC执行内部操作的代码。另外，只让CNC将M代码本身送往机床（不执行内部操作）的M代码，可在同一程序段内指定。

例如：

在一个程序段中指定一个M指令：

M40;

M50;

M60;

G28 G91 X0 Y0 Z0;

……

在一个程序段中指定多个M指令：

M40 M50 M60;

G28 G91 X0 Y0 Z0;

……

（3）进给功能指令（F代码）

1）进给功能。用于控制刀具的进给速度。进给功能有快速移动和切削进给速度移动两种。

当指定定位指令（G00）时，刀具以CNC设置的快速移动速度移动。定位指令（G00）以快速移动定位刀具。在快速移动中，当指定的速度变为0，并且伺服电动机到达由机床制造厂商设定的一定范围（到位检查宽度）后，执行下个程序段。各轴的快速移动速度已经设置。所以，快速移动速度不需要指定。使用机床操作面板上的开关，可以控制快速移动速度倍率，倍率值为：F0、25、50、100%。其中，F0为由参数对每个轴设置固定速度。详细说明请参阅机床厂商提供的说明书。

当指定插补指令时，刀具以程序中编制的切削进给速度移动。切削进给中的直线插补（G01）、圆弧插补（G02、G03）等的进给速度是用F代码后面的数值指定的。在切削进给中，程序段连续执行，所以进给速度的变化可以最小化。

图 1-11 所示为速度和时间的关系。

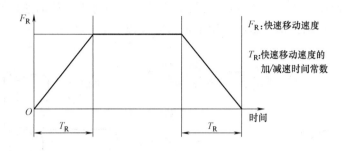

F_R：快速移动速度

T_R：快速移动速度的加/减速时间常数

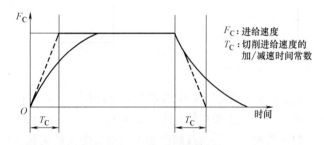

F_C：进给速度

T_C：切削进给速度的加/减速时间常数

图 1-11 速度和时间的关系

可用三种方式指定进给速度：

① 每分钟进给（G94）：在 F 之后，指定每分钟的刀具进给量。指令格式：

G94；　　　　//每分钟进给的 G 代码（05 组）

F __；　　　　//进给速度指令（mm/min 或 in/min）

② 每转进给（G95）：在 F 之后，指定每转的刀具进给量。指令格式：

G95；　　　　//每转进给的 G 代码（05 组）

F __；　　　　//进给速度指令（mm/ 或 in/r）

③ F1 位数进给：在 F 之后指定要求的一位数值，由 CNC 用参数设置与各数值对应的进给速度。指令格式：

FN；

N；　　　　　//1~9 的数值

2）倍率。使用机床操作面板上的开关，可以调整快速移动速度或切削进给速度的倍率。

3）自动加/减速。为防止机械振动，在刀具移动开始和结束时，自动实施加/减速。

4）切削进给中的刀具轨迹。在切削期间，如果在指定的程序段之间移动方向发生改变，就会造成圆角轨迹，如图 1-12 所示。

5）停刀。指令格式：

G04 X __；或 G04 P __；

其中：

X——指定时间（可以用十进制小数点）；

P——指定时间（不能用十进制小数点）。

说明：

G04 指定停刀，延迟指定的时间后执行下个程序段。另外，在切削方式（G64）中，为了进行准确停止检查, 可以指定停刀。当 P 或 X 都不指定时, 执行准确停止。

(4) 主轴速度功能 (S 代码) 切削工件时刀具相对于工件的速度称为切削速度, 如图 1-13 所示。对于 CNC, 切削速度可用主轴速度 (以 min^{-1} 为单位) 指定。

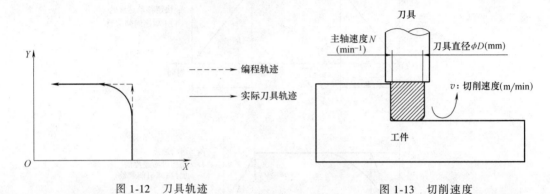

图 1-12 刀具轨迹

图 1-13 切削速度

1) 用代码指定主轴速度。当在地址 S 后指定一个数值时, 代码信号和选通信号被送往机床去控制主轴旋转速度。一个程序段只能包含一个 S 代码。关于 S 代码后的数值位数, 或 S 代码与运动指令在同一程序段时程序的执行顺序等内容请参阅由机床制造厂商提供的说明书。

2) 直接指定主轴速度值 (S5 位数指令)。主轴速度可以直接用地址 S 后的最多 5 位数值指定。指定的主轴速度的单位, 取决于机床制造厂商的规定。详细情况请参阅机床制造厂商提供的说明书。

(5) 刀具选择功能 (T 代码) 当进行钻孔、攻螺纹、镗孔、铣削等加工时, 必须选择适当的刀具。对每把刀具赋给一个编号, 在程序中指定不同的编号时, 就选择相应的刀具, 如图 1-14 所示。

说明:

当把 01 号赋给钻头, 即把刀具放在 ATC 的 01 号位时, 通过指令 T01 可以选择这把刀具。

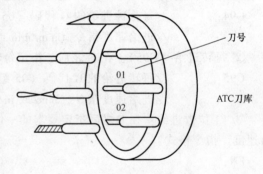

图 1-14 刀具选择

在地址 T 后指定数值 (最多 8 位) 用以选择机床上的刀具。在一个程序段中, 只能指定一个 T 代码。关于地址 T 可指定的位数, 以及 T 代码对应的机床动作见机床制造厂商提供的说明书。

当移动指令和 T 代码在同一程序段中指定时, 指令的执行有下面两种方法:

1) 移动指令和 T 功能指令同时执行。

2) 移动指令执行完后执行 T 功能指令。

选择以上方法中的哪一种, 取决于机床制造厂商的规定。详细情况见机床制造厂商提供的说明书。

3. 指令格式

(1) 快速定位指令 (G00) 刀具以快速移动速度移动到用绝对值指令或增量值指令指定的工件坐标系中的位置。

指令格式：

G00 X __ Y __ Z __ ;

其中：

X、Y、Z——以绝对值指令，编程时编制终点的坐标值；以增量值指令，编程时编制刀具移动的距离。

说明：

可以选择下面两种插补定位方式之一（图1-15）。

1）非直线插补定位。刀具分别以每轴的快速移动速度定位。刀具轨迹一般不是直线。

2）直线插补定位。刀具轨迹与直线插补（G01）相同。刀具移动时以不超过主轴的快速移动速度在最短的时间内定位。

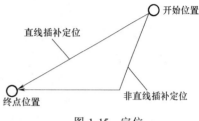

图1-15　定位

（2）直线插补指令（G01）　刀具按给定速度沿直线移动到用绝对值指令或增量值指令指定的工件坐标系中的位置，如图1-16所示。

指令格式：

G01 X __ Y __ Z __ F __ ;

其中：

X、Y、Z——以绝对值指令，编程时编制终点的坐标值；以增量值指令，编程时编制刀具移动的距离；

F——刀具的进给速度（进给量）。

说明：

刀具以F代码指定的进给速度沿直线移动到指定的位置。直到新的值被指定之前，F指定的进给速度一直有效。因此，无需对每个程序段都指定F值。用F代码指定的进给速度是沿着刀具轨迹测量的，如果不指令F代码，则认为进给速度为零。

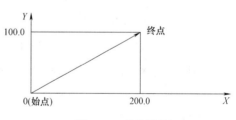

图1-16　直线插补

（3）圆弧插补指令（G02、G03）　使刀具沿圆弧运动到指定的位置。

指令格式：

在 *XY* 平面上的圆弧：

$$G17 \left\{ \begin{matrix} G02 \\ G03 \end{matrix} \right\} X \_ Y \_ \left\{ \begin{matrix} R \_ \\ I \_ J \_ \end{matrix} \right\} F \_ ;$$

在 *ZX* 平面上的圆弧：

$$G18 \left\{ \begin{matrix} G02 \\ G03 \end{matrix} \right\} X \_ Z \_ \left\{ \begin{matrix} R \_ \\ I \_ K \_ \end{matrix} \right\} F \_ ;$$

在 *YZ* 平面上的圆弧：

$$G19 \left\{ \begin{matrix} G02 \\ G03 \end{matrix} \right\} Y \_ Z \_ \left\{ \begin{matrix} R \_ \\ J \_ K \_ \end{matrix} \right\} F \_ ;$$

其中：

G17——指定 *XY* 平面上的圆弧；

G18——指定 *ZX* 平面上的圆弧；

G19——指定 *YZ* 平面上的圆弧；

G02——圆弧插补，顺时针方向（CW）；

G03——圆弧插补，逆时针方向（CCW）；

X——*X* 轴或它的平行轴的指令值；

Y——*Y* 轴或它的平行轴的指令值；

Z——*Z* 轴或它的平行轴的指令值；

I——*X* 轴从起点到圆弧圆心的距离（带符号）；

J——*Y* 轴从起点到圆弧圆心的距离（带符号）；

K——*Z* 轴从起点到圆弧圆心的距离（带符号）；

R——圆弧半径（带符号）；

F——沿圆弧的进给速度。

说明：

1）圆弧插补的方向。在直角坐标系中，当从 *Z* 轴（*Y* 轴或 *X* 轴）的正到负的方向看 *XY*（*ZX* 平面或 *YZ* 平面）平面时，*XY* 平面（*ZX* 平面或 *YZ* 平面）的"顺时针"（G02）和"逆时针"（G03）的方向如图 1-17 所示。

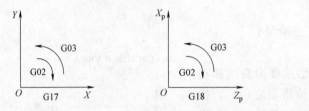

图 1-17 圆弧插补的方向

2）圆弧上的移动距离。用地址 X、Y 或 Z 指定圆弧的终点，并且根据 G90 指令或 G91 指令用绝对值或增量值表示。若为增量值指定，则该值为从圆弧起点向终点方向的距离。

3）从起点到圆弧中心。用地址 I、J 和 K 分别指定 *X* 轴、*Y* 轴和 *Z* 轴方向的圆弧中心位置。I、J 或 K 后的距离的数值是从起点向圆弧中心方向的矢量分量，并且不管指定的是 G90 还是 G91，总是增量值，如图 1-18 所示。必须根据方向指定 I、J 和 K 的符号（正或负）。

I0、J0 和 K0 可以省略。当地址 X、Y 和 Z 省略（终点与起点相同），并且中心用地址 I、J 和 K 指定时，表示为整圆。程序段"G02 I__;"指令一个整圆。如果在起点和终点之

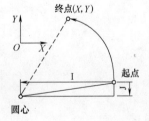
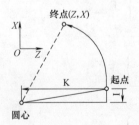
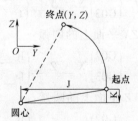

图 1-18 从起点到圆弧中心

间的半径差在终点超过了参数中的允许值，则产生 P/S 报警。

4）圆弧半径。圆弧和包含该圆弧的圆的圆心之间的距离可用圆的半径 R 指定，以代替 I、J 和 K。在这种情况下，可以认为，一个圆弧小于 180°，而另一个大于 180°。当指定超过 180° 的圆弧时，半径必须用负值指定，如图 1-19 所示。如果地址 X、Y 和 Z 全都省略，即 "G02R；"，也就是当终点和起点位于相同位置，并且指定 R 时，程序编制出的圆弧为 0°（刀具不移动。）

圆弧 A（小于 180°）：G91 G02 X60.0 Y20.0 R50.0 F300；

圆弧 B（小于 180°）：G91 G02 X60.0 Y20.0 R-50.0 F300；

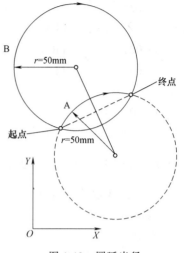

图 1-19　圆弧半径

5）进给速度。圆弧插补的进给速度等于 F 代码指定的进给速度，并且将沿着圆弧的进给速度（圆弧的切向进给速度）控制为指定的进给速度。指定的进给速度和实际刀具的进给速度之间的误差在±2%以内。但是，这个进给速度是在加上刀具半径补偿之后沿圆弧的进给速度。

注意事项：

1）如果同时指定地址 I、J、K 和 R，用地址 R 指定的圆弧优先，其他都被忽略。

2）如果指令了不在指定平面的轴，则显示报警。

例如：在指定 XY 平面时，如果指定 U 轴为 X 轴的平行轴，则显示报警。当指定接近 180°圆心角的圆弧时，计算出的圆心坐标可能有误差。在这种情况下，使用 I、J 和 K 指定圆弧的中心。

如图 1-20 所示，刀具轨迹编程如下：

绝对值编程：

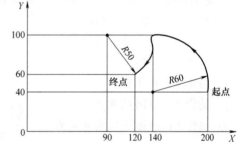

图 1-20　使用 I、J 和 K 指定圆弧的中心

G92 X200.0 Y40.0 Z0；

G90 G03 X140.0 Y100.0 R60.0 F300.0；或 G92 X200.0 Y40.0 Z0；

G02 X120.0 Y60.0 R50.0； G90 G03 X140.0 Y100.0 I-60.0 F300.0；

G02 X120.0 Y60.0 I-50.0；

增量值编程：

G91 G03 X-60.0 Y60.0 R60.0 F3000.；或 G91 G03 X-60.0 Y60.0 I-60.0 F300.0；

G02 X-20.0 Y-40.0 R50.0； G02 X-20.0 Y-40.0 I-50.0；

（4）**螺旋插补**　螺旋插补是指通过指定最多两个非圆弧插补轴与其他圆弧插补轴（G02，G03）同步移动，形成螺旋移动轨迹。

指令格式：

1）在 XY 平面上的圆弧：

$$G17 \begin{Bmatrix} G02 \\ G03 \end{Bmatrix} X\_\_ Y\_\_ \begin{Bmatrix} R\_\_ \\ I\_\_ J\_\_ \end{Bmatrix} \alpha\_\_ (\beta\_\_) F\_\_;$$

2）在 ZX 平面上的圆弧：

$$G18 \begin{Bmatrix} G02 \\ G03 \end{Bmatrix} X \_\_ Z \_\_ \begin{Bmatrix} R \_\_ \\ I \_\_ K \_\_ \end{Bmatrix} \alpha \_\_ （\beta \_\_） F \_\_;$$

3）在 YZ 平面上的圆弧：

$$G19 \begin{Bmatrix} G02 \\ G03 \end{Bmatrix} Y \_\_ Z \_\_ \begin{Bmatrix} R \_\_ \\ J \_\_ K \_\_ \end{Bmatrix} \alpha \_\_ （\beta \_\_） F \_\_;$$

说明：

1）α、β 为非圆弧插补的任意一个轴，最多能指定两个其他轴。

2）指令方法只是简单地加上一个或两个非圆弧插补轴的移动轴。F 指令指定沿圆弧的进给速度，如图 1-21 所示。因此，直线轴的进给速度为 $F \times \dfrac{直线轴的长度}{圆弧的长度}$。

3）确定直线轴的进给速度不超过任何限制值。

注意事项：

1）只对圆弧进行刀具半径补偿。

2）在指令螺旋插补的程序段中，不能指令刀具偏置和刀具长度补偿。

（5）固定循环　固定循环使编程变得容易。有了固定循环，频繁使用的加工操作可以用 G 功能在单程序段中指令；没有固定循环，一般要求多个程序段。另外，固定循环能缩短程序，节省存储容量。

固定循环由 6 个顺序动作组成，如图 1-22 所示。

① 动作 1：X 轴和 Y 轴的定位。

② 动作 2：快速移动到 R 点。

③ 动作 3：孔加工。

④ 动作 4：在孔底的动作。

⑤ 动作 5：返回到 R 点。

⑥ 动作 6：快速移动到初始点。

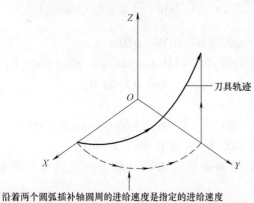

沿着两个圆弧插补轴圆周的进给速度是指定的进给速度

图 1-21　进给速度

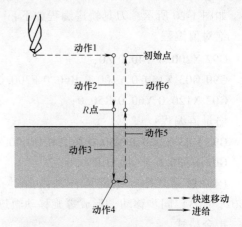

图 1-22　固定循环动作顺序

说明：

1）定位平面。定位平面由平面选择代码 G17、G18 或 G19 决定。定位轴是除了钻孔轴以外的轴。

2）钻孔轴。钻孔轴根据 G 代码（G73～G89）程序段中指定的轴地址确定（基本轴）。如果没有对钻孔轴指定轴地址，则认为基本轴是钻孔轴。注意：只有在取消固定循环以后，才能切换钻孔轴。

3）沿着钻孔轴的移动距离 G90/G91。沿着钻孔轴的移动距离，G90 和 G91 的区别为：G90 表示 Z 坐标值为绝对坐标值，表示终点（孔底）坐标值；G91 表示 Z 坐标值为相对坐标值，表示从 R 点到孔底的距离，如图 1-23 所示。

4）钻孔方式。G73、G74、G76 和 G81～G89 是模态 G 代码，直到被取消之前一直保持有效。当有效时，当前状态是钻孔方式。一旦在钻孔方式中钻孔数据被指定，数据被保持，直到被修改或清除。在固定循环的开始，指定全部所需的钻孔数据；当固定循环正在执行时，只能指令修改数据。

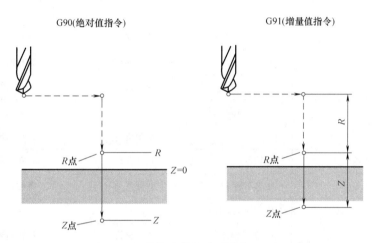

图 1-23 沿着钻孔轴的移动距离 G90/G91

5）返回平面。当刀具到达孔底后，刀具可以返回到初始平面或 R 平面，由 G98 或 G99 指定，如图 1-24 所示。一般情况下，G99 指令用于第一次钻孔而 G98 指令用于最后的钻孔。

6）重复。在 K 地址后指定重复次数，对等间距孔进行重复钻孔。K 地址仅在被指定的

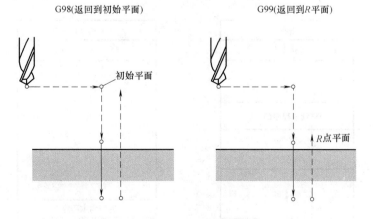

图 1-24 返回平面

程序段内有效。以增量方式（G91）指定第一孔位置。如果用绝对值方式（G90）指令，则在相同位置重复钻孔。重复次数 K 最大指令值为 9999。如果指定 K0，则钻孔数据被存储，但是不执行钻孔。

7）取消。使用 G80 或 01 组 G 代码，可以取消固定循环。

8）固定循环指令。表 1-4 列出了常用固定循环指令。

表 1-4　常用固定循环指令

G 代码	钻削（-Z 方向）	在孔底的动作	回退（+Z 方向）	应　　用
G73	间歇进给	—	快速移动	高速深孔钻循环
G74	切削进给	停刀→主轴正转	切削进给	左旋攻螺纹循环
G76	切削进给	主轴定向停止	快速移动	精镗循环
G80	—	—	—	取消固定循环
G81	切削进给	—	快速移动	钻孔循环,点钻循环
G82	切削进给	停刀	快速移动	钻孔循环,锪镗循环
G83	间歇进给	—	快速移动	深孔钻循环
G84	切削进给	停刀→主轴反转	切削进给	攻螺纹循环
G85	切削进给	—	切削进给	镗孔循环
G86	切削进给	主轴停止	快速移动	镗孔循环
G87	切削进给	主轴正转	快速移动	背镗循环
G88	切削进给	停刀→主轴停止	手动移动	镗孔循环
G89	切削进给	停刀	切削进给	镗孔循环

4. 程序结构

（1）概述　数控编程有两种程序形式，主程序和子程序。一般情况下，CNC 根据主程序运行。但是，当主程序中遇到调用子程序的指令时，控制转到子程序。当子程序中遇到返回到主程序的指令时，控制返回到主程序，如图 1-25 所示。

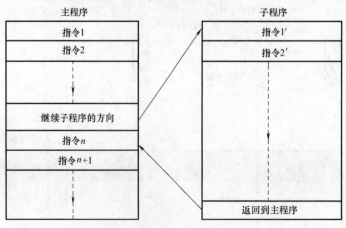

图 1-25　主程序和子程序

CNC 最多能存储 400 个主程序和子程序，可从存储的程序中选出程序运行。

程序是由一系列的程序段组成的。程序部分用程序号开始，而用程序结束代码结束，如图 1-26 所示。

程序号	O0001；
程序段 1	N1 G91 G00 X120.0 Y80.0；
程序段 2	N2 G43 Z-32.0 H01；
⋮	⋮
程序段 n	Nn Z0；
程序结束	M30；

图 1-26 程序的组成

程序段包含加工的必要信息，如移动指令或切削液开/关指令。在程序段的开头加一个斜杠（/）可用于取消程序段的执行。

（2）程序部分的构成（图 1-27）

1）程序号。程序号由地址 O 和后面的 4 位数字组成。程序号用来识别存储的程序。在程序的开头指定程序号。当程序的开头没有指定程序号时，则程序开头的顺序号（N…）被当作程序号。如果使用 5 位数程序号，后面 4 位数字用作存储程序号。如果

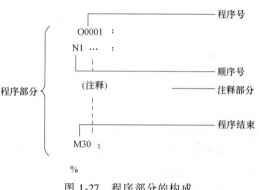

图 1-27 程序部分的构成

后面 4 位数字全是 0，程序在存储之前加 1 作为程序号。但是，N0 不能用作程序号。如果在程序的开头没有程序号也没有顺序号，则存储程序时，必须使用 MDI 面板指定程序号。（注：程序号 8000~9999 由机床制造厂使用，用户不能使用。）

2）程序段和顺序号。程序是由一系列指令组成的，一个指令单位称为一个程序段。程序段间用程序段结束代码 EOB（；）分开。顺序号由地址 N 和后面的 5 位数字（1 到 99999）组成。顺序号放在程序段的开头。顺序号可以按任意顺序指定，并且任何号都可以跳过。可以对全部程序段指定顺序号，也可以仅对程序要求的程序段指定顺序号。但是，为方便起见，一般按加工步骤的顺序指定顺序号。

一个程序段是由一个及以上的字组成的，字又由地址和数值组成。正号（+）（字和地址）或负号（-）可以放在数值的前面。字=地址+数值（例：X-1000）。字母（A~Z）之一被用作地址，地址指定跟在地址后面的数字的意义。相同的地址可以有不同的意义，取决于指定的准备功能。表 1-5 所列为可用的地址及其意义。

表 1-5 可用的地址及其意义

功能	地址	意　　义
程序号	O	程序号
顺序号	N	顺序号
准备功能	G	指定移动方式（直线、圆弧等）

（续）

功　能	地　址	意　　义
尺寸字	X、Y、Z	坐标轴移动指令
	I、J、K	尺寸字
	R	圆弧半径
进给功能	F	每分钟进给速度或每转进给速度
主轴速度功能	S	主轴速度
刀具功能	T	刀号
辅助功能	M	机床上的开/关控制
	B	工作台分度等
偏置号	D、H	偏置号
暂停	P、X	暂停时间
程序号指定	P	子程序号
重复次数	K	子程序重复次数
参数	P、Q	固定循环参数

如果程序段的开头有字符"/"和数字 n（$n = 1 \sim 9$），并且机床操作面板上的跳过任选程序段开关 n 接通，则在 DNC 运行和存储器运行中，与指定的开关号 n 相对应的程序段的信息无效。当跳过任选程序段开关 n 断开时，/n 指定的程序段的信息有效。这意味着操作者可以决定是否跳过包含/n 的程序段。/1 中的数 1 可以省略。但是，当两个以上跳过任选程序段开关用于一个程序段时，/1 中的数 1 不能省略。

例如：

/ /3 G00 X10.0;（不正确）

/1/3 G00 X10.0;（正确）

当将程序输入存储器时，这个功能被忽略。包含/n 的程序段也存储在存储器中，而不管跳过任选程序段开关怎样设定。在存储器中存储的程序可以输出，而不管跳过任选程序段开关怎样设定。即使在顺序号查找运行期间，跳过任选程序段也是有效的。不同的机床，使用的选跳开关数量（1~9）不一样，具体情况请见机床制造厂的说明书。

3）程序结束。程序结束代码见表1-6。

表 1-6　程序结束代码

代　码	意　　义
M02	主程序结束
M30	
M99	子程序结束

如果在程序执行中执行了程序结束代码，则 CNC 结束程序的执行并置于复位状态。当子程序结束代码被执行时，程序控制光标返回到调用子程序的主程序。

（3）子程序　如果程序包含固定的顺序或多次重复的模式程序，则固定的顺序或模式程序可以编成子程序并在存储器中存储以简化编程。子程序可以由主程序调用。被调用的子程序也可以调用另一个子程序。

子程序的构成如下：

O□□□□；子程序号

：

M99；　　　　程序结束

M99 不必作为独立的程序段指令，如"X100.0 Y100.0 M99；"。

子程序调用格式如下：

说明：

当主程序调用子程序时，子程序被认为是一级子程序。子程序调用可以嵌套四级，如图1-28 所示。

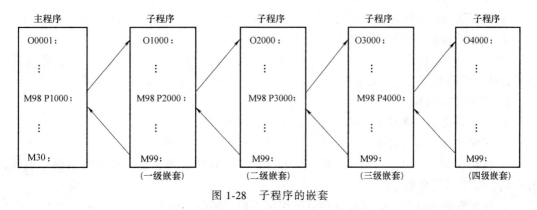

图 1-28　子程序的嵌套

1.1.3　能够熟练操作加工中心

1. 加工中心安全操作与维护

（1）加工中心安全操作规程

1）安全操作的基本注意事项：

① 应穿紧身工作服，袖口扎紧；高速铣削时要戴防护镜；铣削铸铁件时应戴口罩；操作时，严禁戴手套。

② 不要移动或损坏安装在机床上的警告标牌。

③ 不要在机床周围放置障碍物，工作空间应足够大。

④ 当某一项工作需要两人或多人共同完成时，应注意相互间的协调一致。

⑤ 不允许采用压缩空气清洗机床、电气柜及 NC 单元。

2）工作前的准备工作：

① 机床在工作开始工作前要预热，认真检查润滑系统工作是否正常。

② 检查刀具表内刀具是否与程序内刀具信息一致；检查刀具的完好程度。

③ 检查程序是否正确、切削用量的选择是否合理。

④ 检查卡盘夹紧工件的状态，必须在确认工件夹紧后才能起动机床。

⑤ 确定机床状态及各开关位置（进给倍率开关应置于0）。

⑥ 机床开动前，必须关好机床防护门。

3）工作过程中的安全注意事项：

① 运行程序，观察机床动作及进给方向与程序是否相符，逐渐加大进给倍率。

② 禁止用手接触刀尖和铁屑，铁屑必须要用铁钩或毛刷来清理。

③ 禁止用手或其他任何方式接触正在旋转的主轴、工件或其他运动部位。

④ 禁止在加工过程中测量、变速，更不能用棉丝擦拭工件，也不能清扫机床。

⑤ 机床运转中，操作者不得离开岗位，发现机床出现异常现象应立即停机。

⑥ 经常检查轴承温度，过高时应找有关人员进行检查。

⑦ 在加工过程中，不允许打开机床防护门。

4）工作完成后的注意事项：

① 清除切屑、擦拭机床，使机床与环境保持清洁状态。

② 注意检查或更换磨损坏的机床导轨上的防护罩。

③ 检查润滑油、切削液的状态，及时添加或更换。

④ 依次关掉机床操作面板上的电源和总电源。

（2）加工中心的维护与保养　因加工中心结构复杂，自动化程度较高，为了充分发挥其优越性，提高加工效率，延长使用寿命，应定期对加工中心进行维护与保养。

1）日常维护与保养：

① 每次开机前，检查机床输入电压，应为 380V×(1±10%)。

② 压缩空气的压力必须为 0.6MPa，随时检查是否有漏气现象。

③ 检查 X 轴、Y 轴、Z 轴导轨面，如有铁屑等颗粒附着在上面，应及时清除；如导轨有伤痕，应用油石磨平。

④ 每次安装刀具前，必须检查拉钉是否牢固地安装在刀柄上。

⑤ 每次开机前，要检查导轨及滚珠丝杠的润滑情况，导轨及滚珠丝杠必须得到充分润滑后方可运行机床。如果机床长时间没有运行，应起动自动润滑泵数次，使润滑油循环，直到从导轨和滚珠丝杠中渗出。

⑥ 机床开机后，应首先进行返回机床参考点操作，然后低速运行 10~20min。检查是否有不正常的声音及振动现象。

⑦ 每次机床运行结束后，必须全面清洁机床，特别要保持导轨操作面板清洁。此外要在主轴锥孔和刀具锥柄上涂上机械油以防生锈，但再次开机前应擦去主轴锥孔和刀具锥柄上的机械油。

2）定期维护保养：

① 每周检查集中润滑站油箱的油位。油位应高于一半，若不达标，应及时补充规定牌号的润滑油至油箱容量的 80%。

② 每周检查主轴箱齿轮油油位，应恒定为观察窗的一半。

③ 每周检查切削液液位，应达到切削液箱容量的 3/4 以上。

④ 每月清洗切削液过滤网一次。

⑤ 每半年检查 X 轴、Y 轴、Z 轴导轨面的刮油片，如有损坏，应立即更换。

⑥ 每半年更换切削液一次。

⑦ 每半年清洗集中润滑站过滤器一次。

⑧ 每半年调整 X 轴、Y 轴、Z 轴导轨镶条斜楔一次。

⑨ 每三年更换主轴箱齿轮油一次。

⑩ 每三年更换主轴轴承、轴向轴承的润滑油脂。

2. 加工中心 LCD/MDI 单元介绍

图 1-29 所示为哈挺 VMC480 P3 型立式加工中心 LCD/MDI 单元示意图，现以此为例介绍机床 LCD/MDI 单元示意图的含义，以供参考。

（1）LCD 液晶显示屏 在操作面板的上方，有一块 7.2″（1″=25.4mm）的 LCD 液晶显示屏，它可以显示当前使用的程序内容，也可以显示下一个计划的程序和程序列表。

1）程序显示。程序在显示屏上的显示方式如图 1-30a、b 所示。

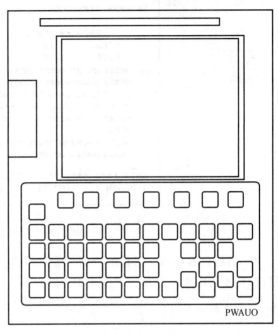

图 1-29 哈挺 VMC480 P3 型立式
加工中心 LCD/MDI 单元示意图

图 1-30 程序显示

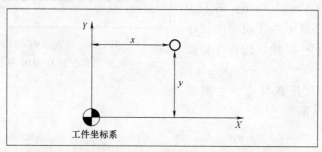

```
PROGRAM DIRECTORY                    O0001 N00010

         PROGRAM(NUM.)          MEMORY(CHAR.)
   USED:      60                    3321
   FREE:       2                     429
   O0001 (MACRO-GCODE.MAIN)
   O0002 (MACRO-GCODE.SUB1)
   O0010 (TEST-PROGRAM.ARTHMETIC NO.1)
   O0020 (TEST-PROGRAM.F10-MACRO)
   O0040 (TEST-PROGRAM.OFFSET)
   O0050
   O0100 (INCH/MM CONVERT CHECK NO.1)        (OPRT)
   O0200 (MACRO-MCODE.MAIN)
 > _
 EDIT **** *** ***        16:05:59
 [ PRGRM ][ DIR+ ][       ][       ]〔(OPRT)〕
```
b)

图 1-30　程序显示（续）

2）当前位置显示。刀具的当前位置可以以坐标值的形式显示出来，也可以用当前位置到目标位置的距离来显示，如图 1-31 所示。

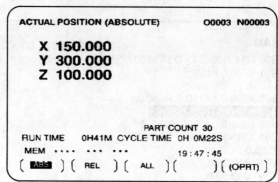

```
ACTUAL POSITION (ABSOLUTE)      O0003 N00003

 X 150.000
 Y 300.000
 Z 100.000



                    PART COUNT 30
 RUN TIME    0H41M CYCLE TIME 0H 0M22S
 MEM **** **** ****            19:47:45
 〔 ABS 〕〔 REL 〕〔 ALL 〕〔      〕〔(OPRT)〕
```

图 1-31　当前位置显示

3）报警显示。如果操作过程中发生故障，屏幕上就会显示错误代码和报警信息，如图 1-32 所示。有关错误代码及其含义请参阅附录。

4）运行时间和零件数的显示。在屏幕上可以显示运行时间和零件数，如图 1-33 所示。

5）图形显示。编程的刀具运动可以分别在 XY 平面、YZ 平面、XZ 平面上和以三维显示的方式显示出来，如图 1-34 所示。

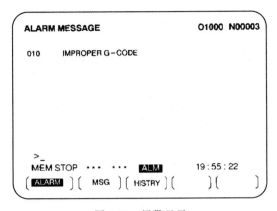

图 1-32 报警显示

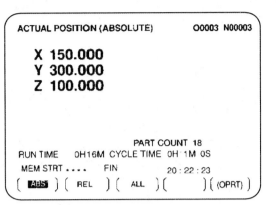

图 1-33 显示运行时间和零件数

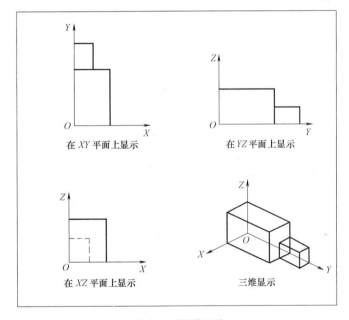

图 1-34 图形显示

（2）MDI 面板上键的位置 MDI 面板上键的位置如图 1-35 所示，各键说明见表 1-7。

（3）功能键和软键 功能键是用来选择将要显示的画面（功能）的。当一个软键（章节选择键）在功能键之后立即被按下，就可以选择与所选功能相关的屏幕（分部屏）了，如图 1-36 所示。

1）一般的屏幕操作。

① 按下 MDI 面板上的功能键，属于所选功能的一章软键就显示出来了。

② 按下其中一个章节选择键，则所选章节的屏幕就显示出来了。如果有关一个目标章节的屏幕没有显示出来，按下菜单继续键（下一菜单键）。有些情况下还可以选择一章中的附加章节。

③ 当目标章节在屏幕上显示后，按下操作选择键，以显示要进行操作的数据。

④ 为了重新显示章节选择键，按下菜单返回键。

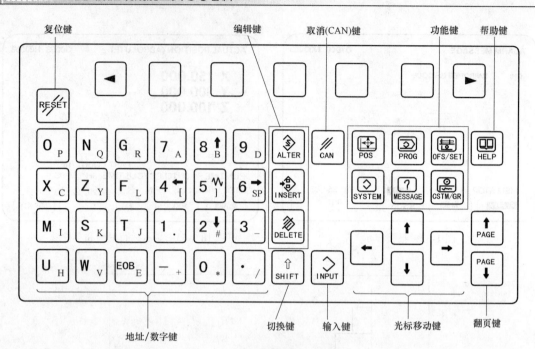

图 1-35　MDI 面板上键的位置

表 1-7　各键说明

序号	名　　称	说　　明
1	复位键【RESET】	按下此键 M 和 G 代码复位至电源开启时的状态。正在使用的刀具补偿取消。此键还用于在某些差错纠正后消除报警状态
2	替换键【ALTER】	在编辑模式下,对程序中的某些数据字进行更改
3	插入键【INSERT】	用于程序的输入及在程序间输入一些数据字等
4	删除键【DELETE】	用于删除已存储的程序或程序中的某个数据字等
5	切换键【SHIFT】	用于输入数据键上的小的字符
6	取消键【CAN】	用于删除正在输入的数据的最后一个字符
7	输入键【INPUT】	用于输入数字
8	位置键【POS】	按下此键将显示绝对、相对及所有的坐标系
9	程序键【PROG】	编辑模式下:编辑和显示已存储的程序 MDI 模式下:输入要执行的数据 在自动模式下:显示当前的程序
10	偏置/设定键 【OFS/ SET】	按下此键进入偏置或设定的页面。在偏置页面可进行刀具补偿、工件偏置的设定等。进入设定的页面可设定机床的米制/寸制、传输通道及时间等
11	系统键【SYSTEM】	用于设定和显示参数、诊断字及梯形图等
12	信息键【MESSAGE】	显示报警号及报警信息等
13	轨迹显示键 【CSTM/GR】	在自动模式下可进行程序的模拟图形运行
14	帮助键【HELP】	按下此键可按报警号查看内容、操作方法及参数表格等
15	光标移动键	按下此四个光标移动键可使光标向四个方向移动
16	上、下翻页键【PAGE】	按下此两个键可显示超出一页的内容
17	地址/数字键	输入小的字符时要先按下【SHIFT】键,再按下相应的字符。注:EOB 即为分号(;)

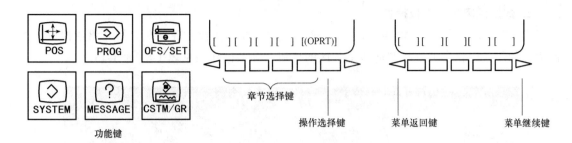

图 1-36 功能键和软键

上面解释了一般情况下的屏幕显示过程。然而，实际的显示过程中，每一个屏幕都不一样。要了解详细情况，请见相关的操作说明。

2）功能键。功能键用来选择将要显示的屏幕的种类。在 MDI 面板上有以下功能键：

①【POS】键：按下该键，显示位置画面。

②【PROG】键：按下该键，显示程序画面。

③【OFS/SET】键：按下该键，显示刀偏/设定画面。

④【SYSTEM】键：按下该键，显示系统画面。

⑤【MESSAGE】键：按下该键，显示信息画面。

⑥【CSTM/GR】键：按下该键，显示用户宏画面（会话式宏画面）或图形画面。

3）软键。要显示一个更详细的屏幕，按下功能键后按下软键。软键也用于实际操作。

4）键盘输入和输入缓冲区。当按下一个地址或数字键时，与该键相对应的字符就立即被送入输入缓冲区。输入缓冲区中的内容显示在 CRT 的底部，如图 1-37 所示。为了标明这是键盘输入的数据，在该字符前面会立即显示一个符号"＞"。在输入数据的末尾显示一个符号"＿"标明下一个输入字符的位置。

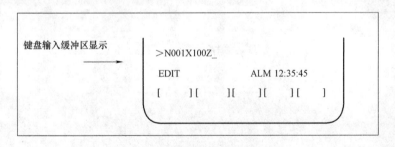

图 1-37 输入缓冲区

为了输入同一个键上右下方的字符，首先按下【SHIFT】键，然后按下该键就可以了。当按下【SHIFT】时，标明下一个输入字符位置的"＿"变为"～"号，就可以输入小写字符（切换状态）了。在切换状态下输入字符以后，切换状态就取消了。另外，在切换状态下再次按下【SHIFT】键，切换状态也会取消。键盘输入缓冲区中一次最多可以输入 32 个字符。按下【CAN】键可取消缓冲区中最后输入的字符或者符号。

3. 数控机床控制面板操作

图 1-38 所示为哈挺 VMC480 P3 型立式加工中心控制面板，现以此为例介绍数控机床控制面板操作，以供参考。控制面板上各区的按钮或开关的作用见表 1-8~表 1-13。

图 1-38　哈挺 VMC480 P3 型立式加工中心控制面板

表 1-8 电源控制区

按钮/开关	作　用	按钮/开关	作　用
	总电源开指示灯:在总电源开关置于 ON 时,此指示灯亮		控制电源关:在按下此开关后,机械控制电源关闭（在按下此开关前先将紧急停止开关按下）
	控制电源开:在按下此开关后,机械控制电源开启		紧急停止开关:此紧急停止开关在主操作面板左上方,当按下此开关时,所有的机械和除屑的动作立即停止。拔出此紧急停止开关,则可解除紧急停止状况

表 1-9 模式选择区

按钮/开关	作　用
	编辑模式:使用此按钮选择编辑模式,在编辑模式下可输入新的程序或编辑、查看已存储的程序
	运行程序模式:使用此按钮选择运行机床存储空间程序模式,可执行通过控制面板输入至机床存储空间的程序
	外部程序输入模式:使用此按钮选择 DNC 模式,在 DNC 模式下可执行从外部装置输入的程序
	手动数据输入模式:使用此按钮选择手动数据输入模式,在手动输入模式下,可输入设定资料与执行暂时性程序
	手动操作模式:使用此按钮选择手动操作模式,在手动操作模式下可通过面板上的操作按钮操作轴的移动、主轴运转及排屑器等的动作
	手轮模式:使用此按钮选择手轮模式,在手轮模式下可使用手轮来移动轴

（续）

按钮/开关	作　用
 回零点模式:使用此按钮选择回零点模式。在电源准备完成后,在回零点模式下,按下各轴回零方向键,即可自动执行回零点
	快速进给百分比调整按钮:此按钮能调整 X 轴、Y 轴和 Z 轴快速移动百分比,从 FX0 到 FX100%。在自动模式下,G00 指令执行时,可随时调整此百分比
	主轴转速百分比的调整按钮,在自动模式下主轴转带速百分比的调整,选择范围为 LOW、25%、50% 和 100% 共 4 档
	进给率调整旋钮:在执行手动进给时,调整此旋钮可对进给率进行调整。调整范围:0~1260mm/min(米制模式) 在自动模式下,调整此旋钮,可对编程进给率进行调整。调整范围:0~150%

表 1-10　轴方向控制区

按钮/开关	作　用	按钮/开关	作　用
	X 轴:手动移动 X 轴,按下该按钮可选择 X 轴的移动方向		Z 轴:手动移动 Z 轴,按下该按钮可选择 Z 轴的移动方向
	Y 轴:手动移动 Y 轴,按下该按钮可选择 Y 轴的移动方向		第四轴:手动移动第四轴,按下该按钮可选择第四轴的移动方向

表 1-11 功能控制区

按钮/开关	作　用	按钮/开关	作　用
M01	M01(选择性停止):注意! 此按钮依操作者的需要选择使用。按钮的指示灯亮表示 M01 功能有效。在 M01 功能有效的情况下: 1)M01 单节被执行 2)各轴与主轴会停止 3)切削液停止,进给暂停指示灯亮 4)按下循环启动按钮后,程序继续执行,进给暂停指示灯熄灭	COOLANT	切削液电源联锁开关:手动控制切削液开
MLK	机械固定:此按钮可由操作者选择使用。指示灯亮表示此功能有效。在机械固定功能有效的情况下,所有移动轴会被终止,但程序可继续执行	LIGHT	工作灯开关:手动控制工作灯开和关
SBK	单段加工:当操作者按下此按钮时,指示灯亮,则程序进行单段加工,每一单段执行完成,必须再按下循环启动按钮,程序才能继续执行下一单段	FLUSH	冲刷开关:按下此开关可以喷出压缩气体以冲刷工件表面
ZMLK Z	Z 轴机械锁定:此按钮可供操作者选择使用。选择 Z 轴机械固定时,在手动或自动模式下均有效,指示灯亮表示此功能有效	ALARM	蜂鸣器解除:在产生各类报警时,蜂鸣器会响,此时按下此按钮,暂时将蜂鸣器的声音关闭,再继续进行故障排除
BDT	段跳跃:此按钮由操作者选择使用。在选择有效的情况下,前面有 "/" 符号的单段程序将被忽略不执行	EM	紧急停止解除:当 X 轴、Y 轴、Z 轴任何一轴触发限位开关导致紧急停止,造成 EM 指示灯亮时,可持续按此按钮,待 NC 准备完成后,将进入紧急停止区域内的轴反方向移开 100mm(使用手动模式),再松开此按钮,即可解除各轴进入紧急停止区域的情况
DRN	程序空运行:当操作者按下此按钮时,指示灯亮。在自动模式下执行程序,则程序内指定的进给率将被忽略,而以机床参数设定的 50in/min(1260mm/min) 的进给率执行程序。在此开关灯灭时,恢复程序内指定的进给率。此按钮仅在自动模式下有效		

表 1-12 主轴手动控制区

按钮/开关	作　用	按钮/开关	作　用
	手动主轴正转开关:在手动操作模式下可使用此开关使主轴正转;主轴正转时指示灯亮		手动主轴反转开关:在手动操作模式下可使用此开关使主轴反转;主轴反转时指示灯亮
	手动主轴停止开关:在手动操作模式下按下此开关,则主轴停止		主轴手动速度控制:在手动操作模式下,可使用此开关调整主轴的转速(在主轴刚开始运转时,由低速慢慢调整至高速)

表 1-13 程序循环控制区

按钮/开关	作　用
	循环启动:在自动操作模式和 MDI(手动数据输入)模式下执行程序,按下此按钮即可执行程序。程序执行过程中,此按钮的指示灯会亮
	进给暂停:在自动操作模式下执行程序时,按下此按钮则程序暂停执行(主轴可依程序设定停止或不停止运转)。再按下循环启动按钮时,进给暂停功能取消,程序重新执行
	手动调整刀库:按下此按钮可以调整刀库盘的位置,将后一序号的刀号调整到当前状态,如将刀库中 T01 的位置调整到当前状态

4. 机床操作指导

机床操作指导见表 1-14～表 1-16。

表 1-14　有关机床 LCD/MDI 单元的操作

程序编辑功能键的使用	
ALTER（替换）： 位置： 键入： 按下：	用于修改一个已有的数据 光标移动至需要修改的数据上 字母和新的数值 【ALTER】键
INSERT（插入）： 位置： 键入： 按下：	用于在程序中加入一个数据 光标移动至需要插入的数据的前一个位置 字母和新的数值 【INSERT】键
1）DELETE（删除）： 位置： 按下： 2）DELETE（删除）： 位置： 键入： 按下：	用于删除一个已有的数据 光标移动至需要删除的数据上 【DELETE】键 用于删除一行已有的数据 光标移动至需要删除的那行的第一个数据上 EOB（;换行符） 【DELETE】（删除）键
显示程序目录	
位置：	EDIT（编辑）模式
按下：	【PROG】（程序）功能键
按下：	【LIB】或【DIR】（列表）软键（显示零件列表）
按下：	【PAGE DOWN】（向下翻页）键来查看
从键盘上输入一个程序	
位置：	EDIT（编辑）模式
按下：	【PROG】（程序）功能键
键入：	字母"O"和程序号
按下：	【INSERT】（插入）键
键入：	EOB（;换行符）
按下：	【INSERT】（插入）键
键入：	字母地址和数据
键入：	EOB（;）（每个程序段结尾）
按下：	【INSERT】（插入）键
	重复键入字母地址和数据以及 EOB（;）直到程序结束
调出已有的程序	
位置：	EDIT（编辑）模式
按下：	【PROG】（程序）功能键
键入：	字母"O"和程序号
按下：	【O SRH】（程序搜索）软键
编辑当前的程序	
位置：	EDIT（编辑）模式
按下：	【PROG】（程序）功能键
按下：	【RESET】（复位）键
	移动光标至需要修改的数据位置进行程序的编辑

（续）

删除一个程序	
位置：	EDIT(编辑)模式
按下：	【PROG】(程序)功能键
键入：	字母"O"和程序号
按下：	【DELETE】键
手动数据输入	
位置：	MDI(手动数据输入)模式
按下：	【PROG】(程序)功能键
按下：	【RESET】(复位)键
键入：	EOB(;)
按下：	【INSERT】(插入)键
键入：	执行的指令
键入：	EOB(;)
按下：	【INSERT】(插入)键
按下：	【START】(启动)键(运行 MDI 指令行)

注：在手动数据输入指令执行时必须关上机床防护门；在执行下一个指令前可按下 RESET （复位） 键清除手动数据
输入的指令

表 1-15　零件加工操作

加工一个零件	
位置：	AUTO(自动)模式
按下：	【SINGLE MODE】(单步模式)键
按下：	【PROG】(程序)功能键(屏幕上必须是加工当前零件的程序)
关：	机床防护门
按下：	【CHECK】(检查)软键
转动：	【RAPID】快速进给百分比调整开关
转动：	【FEEDRATE OVERRIDE】(进给率调节)旋钮旋至100%
按下：	【OPTION STOP】(选择停止)开关
按下：	【CYCLE START】(循环启动)开关
注释：	1)此时快速移动速度约为 1000mm/min,当进给率调节开关旋至 0 时,机床的移动轴将会停下,进给率调节开关可控制移动轴速度 2)程序检查页面将显示机床当前位置和剩余移动量 3)单步模式一般用来加工第一个零件(一行一行地执行),AUTO（自动）模式用来连续加工零件。不要用单步模式来进行攻螺纹或套螺纹加工

注：当切断零件或用棒料机进行棒料加工时，零件或棒料先不要伸出夹头，检验程序是否正确、刀具是否碰上夹头
以及加工是否安全。

表 1-16　其他操作

输入或修改磨耗值	
按下：	【OFS/SET】功能键
按下：	【OFFSET】软键

（续）

按下：	【WEAR】(磨耗)软键(显示磨耗页)
输入：	当前的偏置编号
按下：	【NO. SRH】(编号搜索)软键(搜索)
位置：	光标移动至需要修正的坐标 X 或 Z 位置
键入：	需调整量(如果是负值,必须加"－"号)
按下：	【+INPUT】软键
重复某程序段的操作	
按下：	【EDIT】(编辑)模式键
按下：	【PROG】(程序)功能键
按下：	【RESET】(复位)键(程序回到头部)
键入：	字母"N"加某程序段开始的行号
按下：	【SRH】(搜索)软键
位置：	【AUTO】(自动)模式
按下：	【CYCLE START】(循环启动)开关
机床锁定(MACHINE LOCK)和空运行(DRY RUN)	
位置：	【AUTO】(自动)模式
按下：	【PROG】(程序)功能键,确定当前程序为所需程序
按下：	【MACHINE LOCK】和【DRY RUN】开关
关：	机床防护门
按下：	【CYCLE START】(循环启动)开关
注释：	如果再选用 SINGLE(单步)模式,【CYCLE START】(循环启动)开关每按下一次只加工一行程序。程序运行时机床主轴和各个轴都不运动
结束机床锁定和空运行	
按下：	【MACHINE LOCK】和【DRY RUN】开关
	进行一次机床回零操作
后台编辑功能	
注释：	此功能用来在 AUTO(自动)模式下编辑或创建一个其他的程序
程序：	确定程序在屏幕上
按下：	【OPRT】(操作)软键
按下：	【BG-EDIT】(后台编辑)软键(进入后台编辑)
A.	编辑一个已存储的程序
键入：	字母"O"和程序号
按下：	【O SRH】(程序搜索)软键
	进行程序的编辑
B.	创建一个新的程序
键入：	字母"O"和程序号
按下：	【INSERT】(插入)键
键入：	EOB(;)

（续）

按下：	【INSERT】（插入）键
	进行程序的输入
注释：	后台编辑和通常的编辑方法相同，只是按下【RESET】（复位）后，当前加工的程序也会被终止
结束后台编辑模式	
按下：	【BG-END】（后台编辑模式结束）软键（返回当前程序）
图形演示操作	
按下：	【CUSTOM GRAPH】（图形）功能键
按下：	【G.PRM】图形参数软键（页面显示如下） WORK LENGTH（工件长度）　　　　　　　　W ＝　　100000 WORK DIAMETER（工件直径）　　　　　　　D ＝　　50 AUTO ERASE（自动消除）　　　　　　　　　N ＝　　0 PROGRAM STOP（程序停止）　　　　　　　A ＝　　1 LIMIT（区域）　　　　　　　　　　　　　　L ＝　　0 GRAPHIC CENTER X（轨迹中心 X 方向）　　X ＝　　20000 　　　　　　　　　　Z（轨迹中心 Z 方向）　Z ＝　　20000 SCALE（比例）　　　　　　　　　　　　　S ＝　　100 GRAPHIC MODE（图形模式）　　　　　　　M ＝　　0
按下：	【GRAPH】（图形）软键
执行程序图形演示	
位置：	自动或单段模式
按下：	【GRAPH】（图形）功能键
按下：	【GRAPH】（图形）软键
按下：	【OPRT】（操作）软键
按下软键：	［HEAD］　　　　　［ERASE］　　　　［PROCES］　　　［EXEC］　　　　［STOP］ （程序返回起始）　（消除）　　　　（工步执行）　　（执行）　　　　（停止）
注释：	在图形中进给速度（G1）用实线表示，快速移动速度（G0）用虚线表示
自动模式：	按下【EXEC】软键，程序连续运行 按下【PROCES】软键，程序运行至 M01 代码时停止，再按下软键则继续运行
单段模式：	按下【EXEC】和【PROCES】均为单段运行

1.2　考核与评价

1.2.1　考核与评价方案设计

　　虽然本教材主要针对的是实训类教学环节，学生应该在已经掌握一定理论知识的基础上参加实训，而且目前也有大量的介绍数控基础理论知识的书籍，但是为了在实训前更加充分地做好准备工作，本书在开篇部分还是简单地介绍了模具零件数控铣削加工的基础知识，并以一台具体的机床为例，详细介绍了机床的操作方法。

本阶段的考核与评价主要以应知考核为主，将以试卷的形式考核学生对数控技术理论知识和数控机床操作的掌握程度。

1.2.2 考核试题库

1. 填空题

1）加工中心按主轴在空间所处的状态可以分为_____、_____和_____。

2）数控机床的类别大致有_____、_____和_____。

3）世界上第一台数控机床是____年_____公司与____学院合作研发的__坐标轴_____床。

4）数控电加工机床的主要类型有_____和_____。

5）在各种条件允许的情况下，铣削时应尽量选择直径较_____、切削刃较_____的铣刀。

6）合适在加工中心上加工的零件形状有_____、_____、_____和_____等。

7）数控加工程序的定义是按规定格式描述零件_____和_____的数控指令集。

8）常用夹具类型有_____、_____和_____。

9）加工程序单主要由_____和_____两大部分构成。

10）铣刀按形状分有_____、_____、_____和_____。

11）按走丝快慢，数控线切割机床可以分为_____和_____。

12）数控机床实现插补运算较为成熟并得到广泛应用的是_____插补和_____插补。

13）自动编程根据编程信息的输入与计算机对信息的处理方式不同，分为以_____为基础的自动编程方法和以_____为基础的自动编程方法。

14）数控机床按控制运动轨迹可分为_____、_____和_____等几种。按控制方式又可分为_____、_____和半闭环控制等。

15）对刀点既是程序的_____，也是程序的_____。为了提高零件的加工精度，对刀点应尽量选在零件的_____基准或工艺基准上。

16）在数控加工中，刀具刀位点相对于工件运动的轨迹称为_____路线。

17）在轮廓控制中，为保证一定的精度和编程方便，通常需要有刀具____和____补偿功能。

18）编程时的数值计算，主要是计算零件的_____和_____的坐标或刀具中心轨迹的_____和_____的坐标。直线段和圆弧段的交点和切点是_____，逼近直线段和圆弧小段轮廓曲线的交点和切点是_____。

19）切削用量三要素是指主轴转速（切削速度）、_____和_____。对于不同的加工方法，需要不同的_____，并应编入程序单内。

20）面铣刀的主要几何角度包括_____、_____、_____、_____和_____。

21）工件上用于定位的表面是确定工件_____的依据，称为_____。

22）切削用量中对切削温度影响最大的是_____，其次是_____，而_____影响最小。

23）为了降低切削温度，目前采用的主要方法是切削时冲注切削液。切削液的作用包括_____、_____、_____和_____。

24）在加工过程中，_____基准的主要作用是保证加工表面之间的相互位置精度。

25）铣削过程中的切削用量称为铣削用量，铣削用量包括铣削宽度、铣削深度、____和进给量。

26）铣刀的分类方法很多，若按铣刀的结构分类，可分为整体铣刀、镶齿铣刀和____铣刀。

27）切削液的种类很多，按其性质可分为三大类：水溶液、_____和切削油。

28）按划线钻孔时，为防止钻孔位置超差，应把钻头横刃_____使其定心良好或者在孔中心先钻一定位小孔。

29）切削加工时，工件材料抵抗刀具切削所产生的阻力称为_____。

30）切削塑性材料时，切削层的金属往往要经过_____、_____、____和_____四个阶段。

31）工件材料的强度和硬度较低时，前角可以选得_____一些；强度和硬度较高时，前角选得_____一些。

32）常用的刀具材料有_____、_____、_____和_____四种。

33）影响刀具寿命的主要因素有：工件材料、_____、_____和_____。

34）斜楔、螺旋、凸轮等机械夹紧机构的夹紧原理是_____。

35）工件在装夹过程中产生的误差称为装夹误差、_____误差及_____误差。

36）在切削塑性金属材料时，常有一些从切屑和工件上带来的金属"冷焊"在前刀面上，靠近切削刃处形成一个硬度很高的楔块，即_____。

37）在刀具材料中，_____用于切削速度高、难加工材料的场合，制造形状较简单的刀具。

38）刀具磨钝标准有_____和_____两种。

39）零件加工后的实际几何参数与_____的符合程度称为加工精度。

40）在切削过程中，工件形成三个表面：待加工表面、加工表面和_____。

41）刀刃磨损到一定程度后需要刃磨或更换，需要规定一个合理的磨损限度，即为_____。

42）数控系统只能接收_____信息，国际上广泛采用的两种标准代码为_____和_____。

43）F指令用于指定_____，S指令用于指定_____，T指令用于指定_____。

44）编程常用指令中绝对尺寸用_____指令，增量尺寸用_____指令。

45）FANUC系统中指令G40、G41、G42的含义分别是_____、_____、_____。

46）G17、G18、G19三个指令分别为机床_____、_____、_____平面上的加工。

47）FANUC单一固定循环指令G90、G92的含义分别是_____、_____。

48）FANUC-i0系统中G28、G54指令的含义分别是_____、_____。

49）FANUC系统中指令顺时针圆弧插补的指令是_____，指令逆时针圆弧插补的指令是_____。

50）圆弧插补时，通常把与时钟走向一致的圆弧称为_____，反之称为_____。

2. 判断题

1)（   ）加工中心是一种多工序集中的数控机床。

2)（   ）数控机床以 G 代码作为数控语言。

3)（   ）G40 是数控编程中的刀具左补偿指令。

4)（   ）判断刀具左右偏移指令时，必须对着刀具前进方向判断。

5)（   ）同组模态 G 代码可以放在一个程序段中，而且与顺序无关。

6)（   ）数控加工程序编制完成后即可进行正式加工。

7)（   ）圆弧插补中整圆的起点和终点重合，用 R 编程无法定义，所以只能用圆心坐标编程。

8)（   ）插补运动的实际插补轨迹始终不可能与理想轨迹完全相同。

9)（   ）数控机床编程有绝对值和增量值编程，使用时不能将它们放在同一程序段中。

10)（   ）G 代码可以分为模态 G 代码和非模态 G 代码。

11)（   ）G00、G01 指令都能使机床坐标轴准确到位，因此它们都是插补指令。

12)（   ）圆弧插补用半径编程，且圆弧所对应的圆心角大于180°时半径取负值。

13)（   ）不同的数控机床可能选用不同的数控系统，但数控加工程序指令都是相同的。

14)（   ）数控机床按控制系统的特点可分为开环、闭环和半闭环系统。

15)（   ）数控机床适用于单品种、大批量的生产。

16)（   ）一个主程序中只能有一个子程序。

17)（   ）子程序的编写方式必须是增量方式。

18)（   ）程序段的顺序号，根据数控系统的不同，在某些系统中可以省略。

19)（   ）绝对编程和增量编程不能在同一程序中混合使用。

20)（   ）数控机床在输入程序时，不论何种系统，坐标值不论是整数还是小数，都不必加入小数点。

21)（   ）圆弧圆心相对于圆弧起点的相对坐标在 Y 轴上一般用 K 表示。。

22)（   ）非模态指令只能在本程序段内有效。

23)（   ）圆弧圆心相对于圆弧起点的相对坐标在 X 轴上一般用 K 表示。

24)（   ）顺时针圆弧插补（G02）和逆时针圆弧插补（G03）的判别：沿着不在圆弧平面内的坐标轴正方向向负方向看去，顺时针方向为 G02，逆时针方向为 G03。

25)（   ）顺时针圆弧插补（G02）和逆时针圆弧插补（G03）的判别：沿着不在圆弧平面内的坐标轴负方向向正方向看去，顺时针方向为 G02，逆时针方向为 G03。

26)（   ）数控机床按工艺用途分类，可分为数控切削机床、数控电加工机床、数控测量机等。

27)（   ）一个主程序调用另一个主程序称为主程序嵌套。

28)（   ）数控机床的编程方式是绝对编程或增量编程。

29)（   ）在数控加工中，如果圆弧指令后的半径遗漏，则圆弧指令按直线指令执行。

30)（   ）G00 为前置刀架式数控车床加工中的顺时针圆弧插补指令。

31)（   ）G03 为后置刀架式数控车床加工中的逆时针圆弧插补指令。

32)（   ）所有数控机床加工程序均由引导程序、主程序及子程序组成。

33）（　　）数控机床的坐标规定与普通机床相同，均由左手直角笛卡儿坐标系确定。

34）（　　）G00、G02、G03、G04、G90均属于模态G指令。

35）（　　）ISO标准规定G功能代码和M功能代码从00到99共100种。

36）（　　）在数控机床上加工零件时，应尽量选用组合夹具和通用夹具装夹工件，避免使用专用夹具。

37）（　　）切削速度增大时，切削温度升高，刀具寿命增长。

38）（　　）同一工件，无论用数控机床加工还是用普通机床加工，其工序都一样。

39）（　　）刀具半径补偿是一种平面补偿，而不是轴的补偿。

40）（　　）固定循环是预先给定一系列操作，用来控制机床的位移或主轴运转。

41）（　　）刀具补偿功能包括刀补的建立、刀补的执行和刀补的取消三个阶段。

42）（　　）刀具补偿功能包括刀补的建立和刀补的执行两个阶段。

43）（　　）编制数控加工程序时一般以机床坐标系作为编程的坐标系。

44）（　　）机床参考点是数控机床上固有的机械原点，该点到机床坐标原点在进给坐标轴方向上的距离可以在机床出厂时设定。

45）（　　）为了防止工件变形，夹紧部位要与支承对应，不能在工件悬空处夹紧。

46）（　　）在批量生产的情况下，用直接找正装夹工件比较合适。

47）（　　）刀具切削部位材料的硬度必须大于工件材料的硬度。

48）（　　）试切法的加工精度较高，主要用于大批、大量生产。

49）（　　）切削用量中，影响切削温度最大的因素是切削速度。

50）（　　）积屑瘤的产生在精加工时要设法避免，但对粗加工有一定的好处。

3. 选择题

1）加工（　　）零件时，宜采用数控加工设备。

　　A. 大批量　　　　　　B. 多品种、中小批量　　　C. 单件

2）通常数控系统除了直线插补外，还有（　　）。

　　A. 正弦插补　　　　　B. 圆弧插补　　　　　　　C. 抛物线插补

3）圆弧插补指令"G03 X __ Y __ R __;"中，X、Y后的值表示圆弧的（　　）。

　　A. 起点坐标值　　　　　　　　　　　B. 终点坐标值

　　C. 圆心坐标相对于起点的值

4）（　　）使用专用机床比较合适。

　　A. 复杂型面加工　　B. 大批量加工　　　C. 齿轮齿形加工

5）确定数控机床坐标轴时，一般应先确定（　　）。

　　A. X 轴　　　　　　B. Y 轴　　　　　　C. Z 轴

6）数控铣床的默认加工平面是（　　）。

　　A. XY 平面　　　　B. XZ 平面　　　　C. YZ 平面

7）G00指令与下列的（　　）指令不是同一组的。

　　A. G01　　　　　　B. G02、G03　　　　C. G04

8）加工中心与数控铣床的主要区别是（　　）。

　　A. 数控系统复杂程度不同

　　B. 机床精度不同

C. 有无自动换刀系统

9）采用数控机床加工的零件应该是（　　）。

A. 单一零件

B. 中小批量、形状复杂、型号多变

C. 大批量

10）"G02 X20 Y20 R-10 F100；"所加工的一般是（　　）。

A. 整圆

B. 圆心角≤180°的圆弧

C. 圆心角为180°~360°的圆弧

11）下列指令中，（　　）是非模态指令。

A. G00　　　　　　　B. G01　　　　　　　C. G04

12）G17、G18、G19指令可用来选择（　　）的平面。

A. 曲线插补　　　　　B. 直线插补　　　　　C. 刀具半径补偿

13）数控机床自动选择刀具中任意选择的方法是采用（　　）来选刀和换刀。

A. 刀具编码　　　　　B. 刀座编码　　　　　C. 计算机跟踪记忆

14）数控机床的F功能的常用单位为（　　）。

A. m/min　　　　　　B. mm/min 或 mm/r　　C. m/r

15）圆弧插补方向（顺时针和逆时针）的规定与（　　）有关。

A. X轴　　　　　　　B. Z轴　　　　　　　C. 不在圆弧平面内的坐标轴

16）加工中心的基本控制轴数是（　　）。

A. 1　　　　　　B. 2　　　　　　C. 3　　　　　　D. 4

17）在数控机床坐标系中，平行于机床主轴做直线运动的为（　　）。

A. X轴　　　　　　　B. Y轴　　　　　　　C. Z轴

18）用于指令动作方式的准备功能的指令代码是（　　）。

A. F代码　　　　　　B. G代码　　　　　　C. T代码

19）用于机床开关指令的辅助功能的指令代码是（　　）。

A. F代码　　　　　　B. S代码　　　　　　C. M代码

20）用于机床刀具编号的指令代码是（　　）。

A. F代码　　　　　　B. T代码　　　　　　C. M代码

21）数控升降台铣床的升降台上下运动坐标轴是（　　）。

A. X轴　　　　　　　B. Y轴　　　　　　　C. Z轴

22）数控升降台铣床的拖板前后运动坐标轴是（　　）。

A. X轴　　　　　　　B. Y轴　　　　　　　C. Z轴

23）辅助功能中表示无条件程序暂停的指令是（　　）。

A. M00　　　　　　B. M01　　　　　　C. M02　　　　　D. M30

24）辅助功能中表示程序选择停止的指令是（　　）。

A. M00　　　　　　B. M01　　　　　　C. M02　　　　　D. M30

25）辅助功能中与主轴有关的M指令是（　　）。

A. M06　　　　　　B. M09　　　　　　C. M08　　　　　D. M05

26）"NC"的含义是（　　）。

    A. 数字控制 　　　　B. 计算机数字控制 　　　　C. 网络控制

27）"CNC"的含义是（　　）。

    A. 数字控制 　　　　B. 计算机数字控制 　　　　C. 网络控制

28）数控机床上机械原点到机床坐标零点在进给坐标轴方向上的距离在机床出厂时设定。该点称为（　　）。

    A. 工件零点 　　　　B. 机床零点 　　　　C. 机床参考点

29）加工中心选刀方式中常用的是（　　）方式。

    A. 刀柄编码 　　　　B. 刀座编码 　　　　C. 记忆

30）数控机床主轴以800r/min转速正转时，其指令应是（　　）。

    A. M03 S800 　　　　B. M04 S800 　　　　C. M05 S800

31）切削热主要是通过切屑和（　　）进行传导的。

    A. 工件 　　　　B. 刀具 　　　　C. 周围介质

32）切削的三要素有进给量、背吃刀量和（　　）。

    A. 切削厚度 　　　　B. 切削速度 　　　　C. 进给速度

33）数控加工中心的固定循环功能适用于（　　）。

    A. 曲面形状加工 　　　　B. 平面形状加工 　　　　C. 孔系加工

34）刀具半径左补偿方向的规定是（　　）。

    A. 沿刀具运动方向看，工件位于刀具左侧

    B. 沿工件运动方向看，工件位于刀具左侧

    C. 沿工件运动方向看，刀具位于工件左侧

    D. 沿刀具运动方向看，刀具位于工件左侧

35）假设刀具起点在（X30，Z6）位置，执行"G91 G01 Z15；"后，正方向实际移动量为（　　）。

    A. 9mm 　　　　B. 21mm 　　　　C. 15mm

36）程序中指定了（　　）时，刀具半径补偿被撤销。

    A. G40 　　　　B. G41 　　　　C. G42

37）在数控铣床上铣一个正方形零件（外轮廓）时，如果使用的铣刀直径比原来小1mm，则计算加工后的正方形尺寸（　　）。

    A. 小1mm 　　　B. 小0.5mm 　　　C. 大1mm 　　　D. 大0.5mm

38）执行下列程序后，钻孔深度是（　　）。

G90 G01 G43 Z-50 H01 F100；（H01补偿值-2.00mm）

    A. 48mm 　　　　B. 52mm 　　　　C. 50mm

39）在加工中心上用φ20mm铣刀执行下列程序后，其加工圆弧的直径尺寸是（　　）。

N1 G90 G17 G41 X18.0 Y24.0 M03 H06；

N2 G02 X74.0 Y32.0 R40.0 F180；（刀具半径补偿偏置值是φ20.2mm）

    A. φ80.2mm 　　　　B. φ80.4mm 　　　　C. φ79.8mm

40）在主程序中调用子程序O1000，其正确的指令是（　　）。

    A. M98 O1000 　　　B. M99 O1000 　　　C. M98 P1000 　　　D. M99 P1000

41）G00 的指令移动速度值由（　　　）。

　　A. 机床参数指定　　　　B. 数控程序指定　　　　C. 操作面板指定

42）在"机床锁定"（FEED HOLD）方式下，进行自动运行，（　　　）功能被锁定。

　　A. 进给　　　　　　　　B. 刀架转位　　　　　　C. 主轴

43）在 CRT/MDI 面板上的功能键中，显示机床现在位置的键是（　　　）。

　　A.【POS】　　　　　　　B.【PROG】　　　　　　C.【OFS/SET】

44）在 CRT/MDI 面板上的功能键中，用于程序编制的键是（　　　）。

　　A.【POS】　　　　　　　B.【PROG】　　　　　　C.【ALARM】

45）在 CRT/MDI 面板上的功能键中，用于刀具偏置数设置的键是（　　　）。

　　A.【POS】　　　　　　　B.【OFS/SET】　　　　　C.【PROG】

46）在 CRT/MDI 面板上的功能键中，用于报警显示的键是（　　　）。

　　A.【DGNOS】　　　　　　B.【ALARM】　　　　　C.【PARAM】

47）在 CRT/MDI 面板上的功能键中，用于参数显示设定的键是（　　　）。

　　A.【OFS/SET】　　　　　B.【PARAM】　　　　　C.【PROG】

48）数控程序编制功能中常用的插入键是（　　　）。

　　A.【INSERT】　　　　　　B.【ALTER】　　　　　C.【DELETE】

49）数控程序编制功能中常用的删除键是（　　　）。

　　A.【INSERT】　　　　　　B.【ALTER】　　　　　C.【DELETE】

50）在 CRT/MDI 面板上的功能键中，用于页面变换的键是（　　　）。

　　A.【PAGE】　　　　　　　B.【CURSOR】　　　　　C.【EOB】

4. 简答题

1）简述加工中心的编程过程。

2）什么是刀具半径补偿？什么是刀具长度补偿？

3）数控加工工序的安排原则是什么？

4）用圆柱铣刀加工平面时，顺铣与逆铣有什么区别？

5）简述 M00 和 M01 的区别与联系。

6）简述 M02 和 M30 的区别与联系。

7）简述刀具补偿参数地址 D、H 的应用。

8）简述指令 G92 与 G54～G59 的应用。

9）暂停指令如何运用？

10）简述刀具半径补偿指令 G41 和 G42 的判断方法。

5. 综合题

1）如图 1-39 所示，当不考虑刀具的实际尺寸加工此轮廓形状时，试分别用绝对方式和增量方式编写加工程序，G（5，5）为起刀点。

2）如图 1-40 所示，加工顺序为圆弧 a→圆弧 b，试分别用绝对方式和增量方式编写加工程序。

3）试根据图 1-41 所示的尺寸，选用 φ10mm 的立铣刀，编写曲线 ABCDEA 的加工程序。

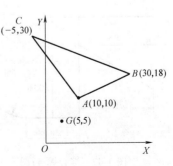

图 1-39　综合题 1）图

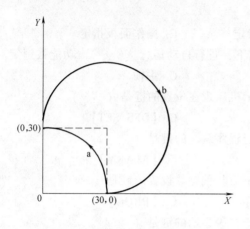

图 1-40　综合题 2) 图

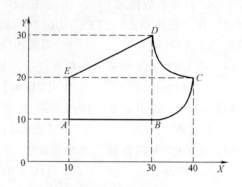

图 1-41　综合题 3) 图

4) 已知某一零件轮廓的加工刀具轨迹如图 1-42 所示，采用绝对坐标输入法，*A* 点为刀具加工的起点，*B* 点为刀具加工的第二点，最后刀具返回（*X*-70，*Y*25）位置结束程序。请根据已有的语句在括号中填写正确的程序段。

N0040 G92 X-70.0 Y-40.0;（定义当前为点（-70,-40））　　N0100 Y-30.0;

N0050 G00 (　　　　　　　　　) S800 M03;　　　　N0110 (　　　　　　　　);

N0060 G01 X0 Y100.0 F80.0;　　　　　　　　　　　N0120 G01 X0 F80.0;

N0070 X20.0 Y100.0;　　　　　　　　　　　　　　N0130 (　　　　　　　　);

N0080 G03 (　　　　　);　　　　　　　　　　　　N0140 (　　　　　　　　);

N0090 G01 (　　　　　) F80.0;　　　　　　　　　　N0150 M02;

5) 已知某一零件轮廓的数控加工刀具轨迹如图 1-43 所示，刀具加工的起点在右上角，该点坐标为（*X*200.0，*Y*120.0），并且从起点开始按照逆时针方向进行加工，圆弧插补采用半径控制（即 R 方法），采用绝对坐标编程。请根据已有的语句在括号中填写正确的程序段。

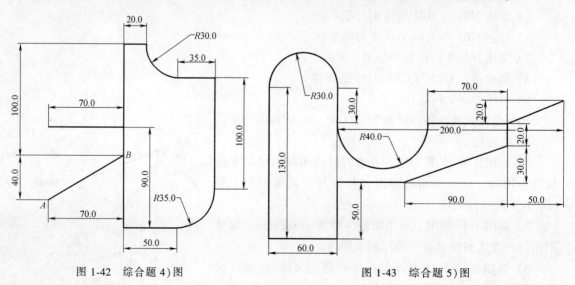

图 1-42　综合题 4) 图　　　　　　　　　　　图 1-43　综合题 5) 图

N120（   ）;   N220（   ）;
N130 G90 G00 Z-10.0 M03 S1000;   N230 Y50;
N140 G00 X200.0 Y120.0;   N240 60.0;
N150（   ）D01 F250;   N250 X150.0 Y80.0;
N170 X80.0;   N260 Y100.0;
N180（   ）;   N270 G00 Z50.0;
N190 G01 Y130.0;   N280 G40 G00 X200.0 Y120.0;
N200（   ）;   N290 G00 X250.0 Y200.0;
N210 G01 Y0;   N300 M30;

1.2.3 考核试题库答案

1. 填空题

题号	答案	题号	答案
1）	立式　卧式　复合式	18）	基点　节点　节点　结点　基点　节点
2）	开环　闭环　半闭环	19）	背吃刀量　进给量　切削用量
3）	1952　PARSONS　麻省理工　三　数控铣	20）	前角　后角　刃倾角　主偏角　副偏角
4）	电火花成形　线切割机床	21）	位置　定位基准
5）	大　短	22）	切削速度　进给量　背吃刀量
6）	平面　曲面　孔　槽	23）	冷却　润滑　防锈　清洗
7）	几何形状　加工工艺	24）	定位
8）	通用　专用　组合	25）	铣削速度
9）	程序体　注释	26）	机夹式
10）	盘铣刀　圆柱铣刀　成形铣刀　鼓形铣刀	27）	乳化液
		28）	磨短
11）	快走丝　慢走丝	29）	切削力
12）	直线　圆弧	30）	挤压　滑移　挤裂　切离
13）	自动编程语言　计算机绘图语言	31）	大　小
14）	点位控制　直线控制　轮廓控制　开环控制　闭环控制	32）	碳素钢　合金钢　高速钢　硬质合金
		33）	刀具材料　刀具几何参数　切削用量
15）	起点　终点　设计	34）	利用机械摩擦的自锁来夹紧工件
16）	加工	35）	定位　基准不重合
17）	长度　半径	36）	积屑瘤

（续）

题号	答案	题号	答案
37)	硬质合金	44)	G90 G91
38)	粗加工　粗加工磨钝	45)	取消刀具半径补偿　左补偿　右补偿
39)	理想几何参数	46)	*XY ZX YZ*
40)	已加工表面	47)	绝对值编程　设定工件坐标系
41)	刀具寿命	48)	返回参考点　选择工件坐标系1
42)	二进制　ISO　EIA	49)	G02 G03
43)	进给速度　主轴转速　刀具选择	50)	顺圆弧　逆圆弧

2. 判断题

题号	答案	题号	答案	题号	答案	题号	答案	题号	答案
1)	√	11)	×	21)	×	31)	×	41)	√
2)	×	12)	√	22)	√	32)	×	42)	×
3)	×	13)	×	23)	×	33)	×	43)	×
4)	√	14)	×	24)	√	34)	×	44)	√
5)	×	15)	×	25)	×	35)	√	45)	√
6)	×	16)	×	26)	√	36)	√	46)	×
7)	√	17)	√	27)	×	37)	×	47)	√
8)	√	18)	√	28)	×	38)	×	48)	×
9)	×	19)	×	29)	×	39)	√	49)	√
10)	√	20)	×	30)	×	40)	√	50)	√

3. 选择题

题号	答案	题号	答案	题号	答案	题号	答案	题号	答案
1)	B	11)	C	21)	C	31)	C	41)	A
2)	B	12)	C	22)	B	32)	B	42)	A
3)	B	13)	C	23)	A	33)	C	43)	A
4)	B	14)	B	24)	B	34)	D	44)	B
5)	C	15)	C	25)	D	35)	C	45)	B
6)	A	16)	C	26)	A	36)	A	46)	B
7)	C	17)	C	27)	B	37)	C	47)	B
8)	C	18)	B	28)	C	38)	A	48)	A
9)	B	19)	C	29)	C	39)	A	49)	C
10)	C	20)	B	30)	A	40)	C	50)	A

4. 简答题

1）答：加工中心的编程过程是：①构建零件的三维数据模型；②确定数控加工的工艺方案并生成刀具轨迹；③对刀具轨迹进行加工仿真以检验其合理性；④后处理生成 G 代码数控程序，上机试切与加工。

2）答：由于刀具总有一定的刀具半径或刀尖部分有一定的圆弧半径，所以在零件轮廓加工过程中刀位点的运动轨迹并不是零件的实际轮廓，刀位点必须偏移零件轮廓一个刀具半径，这种偏移称为刀具半径补偿。刀具长度补偿是为了使刀具顶端到达编程位置而进行的刀具位置补偿。刀具长度补偿指令一般用于刀具轴向的补偿，使刀具在 Z 轴方向的实际位移量大于或小于程序的给定量，从而使长度不一样的刀具的端面在 Z 轴方向的运动终点达到同一个实际位置。

3）答：数控加工工序的安排可参考下列原则：

① 同一定位装夹方式或用同一把刀具的工序，最好相邻连接完成。

② 如一次装夹进行多道加工工序，则应考虑把对工件刚度削弱较小的工序安排在先，以减小加工变形。

③ 上道工序应不影响下道工序的定位与装夹。

④ 先内形内腔加工工序，后外形加工工序。

4）答：逆铣时铣刀切入过程中与工件之间产生强烈摩擦，刀具易磨损，并使加工表面粗糙度变差，同时逆铣时有一个上抬工件的分力，容易使工件振动和工夹松动。采用顺铣时，切入前铣刀不与零件产生摩擦，有利于提高刀具寿命、降低表面粗糙度值，铣削时向下压的分力有利于增强工件夹持稳定性。但由于进给丝杠与螺母之间有间隙，顺铣时工作台会窜动而引起打刀；另外采用顺铣铣削铸件或表面有氧化皮的零件毛坯时，会使切削刃加速磨损甚至崩裂。数控机床采用了间隙补偿结构，窜刀现象可以克服，因此顺铣应用较多。

5）M00 为程序暂停指令。程序执行到此进给停止，主轴停转。重新按启动按钮后，继续执行后面的程序段。主要用于编程者想在加工中使机床暂停（检验工件、调整、排屑等）。M01 为程序选择性暂停指令。程序执行过程中，控制面板上的"选择停止"键处于"ON"状态时此功能才能有效，否则该指令无效。执行后的效果与 M00 相同，常用于关键尺寸的检验或临时暂停。

6）M02 为主程序结束指令。程序执行到此进给停止，主轴停转，切削液关闭，但程序光标停在程序末尾。M30 为主程序结束指令，功能同 M02，不同之处是，不管 M30 后是否还有其他程序段，光标都返回程序开头位置。

7）在部分数控系统（如 FAUNC）中，刀具补偿参数 D、H 具有相同的功能，可以任意互换，它们都表示数控系统中补偿寄存器的地址名称，但具体补偿值是多少，由它们后面补偿号地址中的数值来决定。所以在加工中心中，为防止出错，一般人为规定 H 为刀具长度补偿地址，补偿号为 1~20；D 为刀具半径补偿地址，补偿号从 21 开始（20 把刀的刀库）。

8）G54~G59 是调用加工前设定好的坐标系，而 G92 是在程序中设定的坐标系，用了 G54~G59 就没有必要再使用 G92，否则 G54~G59 会被替换，应当避免。注意：①一旦使用了 G92 设定坐标系，再使用 G54~G59 不起任何作用，除非断电重新启动系统，或接着用 G92 设定所需新的工件坐标系；②使用 G92 的程序结束后，若机床没有回到 G92 设定的原点，就再次启动此程序，机床当前所在位置就成为新的工件坐标系原点，易发生事故，所以一定要慎用。

9) G04 X __/P __ 指令刀具暂停时间（进给停止，主轴不停止），地址 P 或 X 后的数值是暂停时间。X 后面的数值要带小数点，否则以此数值的千分之一计算，以秒（s）为单位；P 后面的数值不能带小数点（即整数表示），以毫秒（ms）为单位。但在某些孔系加工指令中（如 G82、G88 及 G89），为了保证孔底的表面粗糙度，当刀具加工至孔底时需有暂停时间，此时只能用地址 P 表示，若用地址 X 表示，则控制系统认为 X 是 *X* 轴坐标值。

10) 沿着刀具相对于工件前进的进给方向看，如果刀具处于工件待铣削轮廓的左边，即为刀具半径左补偿，使用 G41；如果刀具处于工件待铣削轮廓的右边，即为刀具半径右补偿，使用 G42。

5. 综合题

1)

绝对值编程：

N10 G90 G01 X10 Y10 F300；

N20 G01 X30 Y18；

N30 G01 X-5 Y30；

N40 G01 X10 Y10；

N50 M30；

增量值编程：

N10 G91 G01 X5 Y5 F300；

N20 G01 X20 Y8；

N30 G01 X-35 Y12；

N40 G01 X15 Y-20；

N50 M30；

2)

绝对值编程：

N10 G90 G01 X30 Y0 F300；

N20 G03 X0 Y30 R30；

N30 G02 X30 Y0 R-30；

N40 M30；

增量值编程：

N10 G91 G01 X30 Y0 F300；

N20 G03 X-30 Y30 R30；

N30 G02 X30 Y-30 R-30；

N40 M30；

3)

N10 G90 G54 G40 G49；

N20 G00 X0 Y0 S1000 M03；

N30 G42 D01 G01 X10 Y10 F300；

N40 G01 X30 Y10；

N50 G03 X40 Y20 R10；

N60 G02 X30 Y30 R10；

N70 G01 X10 Y20；

N80 G01 X10 Y10；

N90 G40 X0 Y0；

N100 M30；

4)

X0 Y0

X50.0 Y70.0 R30.0

X85.0 Y70.0

G02 X50.0 Y-65.0 R35.0;

G01 X0 Y25.0;

G00 X-70.0 Y25.0;

5）

G90 G54 G40 G49;

G42 G01 X150.0 Y100.0

G02 X0 Y100.0 R40.0;

G03 X-60.0 Y130.0 R30.0;

G01 X0 Y0;

学习领域 2
模具零件的基本加工实习

2.1 任务目标

2.1.1 掌握基础加工的准备知识

1. 刀具的基本知识

（1）加工中心对刀具的要求

1）铣刀刚性要好。一是为提高生产率而采用大切削用量的需要；二是为适应数控铣床加工过程中难以调整切削用量的特点。当工件各处的加工余量相差较大时，通用铣床遇到这种情况很容易采取分层铣削的方法加以解决，而数控铣削就必须按程序规定的走刀路线前进，遇到余量大时无法像通用铣床那样"随机应变"，除非在编程时能够预先考虑到，否则铣刀必须返回原点，用改变切削面高度或加大刀具半径补偿值的方法从头开始加工，多走几刀。但这样势必造成余量少的地方经常走空刀，降低了生产率，如刀具刚性较好就不必这么办。

2）铣刀的寿命要高。尤其是当一把铣刀加工的内容很多时，如果刀具不耐用而磨损较快，就会影响工件的表面质量与加工精度，而且会增加换刀引起的调刀与对刀次数，也会使工件表面留下因对刀误差而形成的接刀台阶，降低了工件的表面质量。

除上述两点之外，铣刀切削刃的几何角度参数的选择及排屑性能等也非常重要，切屑粘刀形成积屑瘤在数控铣削中是十分忌讳的。总之，根据被加工工件材料的热处理状态、切削性能及加工余量，选择刚性好、寿命高的铣刀，是充分发挥数控铣床的生产率和获得满意的加工质量的前提。

（2）铣刀的种类 常见的铣刀有以下几种：

1）盘铣刀。一般由刀柄和机夹刀片或刀头组成，常用于铣削较大的平面。

2）面铣刀。面铣刀是数控铣加工中最常用的一种铣刀，广泛用于加工平面类零件。图2-1所示为两种最常见的面铣刀。面铣刀除用其端刃铣削外，也常用其侧刃铣削，有时端刃、侧刃同时进行铣削，面铣刀也可称为圆柱铣刀。

3）成形铣刀。成形铣刀一般都是为特定的工件或加工内容专门设计制造的，适用于加工平面类零件的特定形状（如角度面、凹槽面等），也适用于加工异形孔或台。图2-2所示

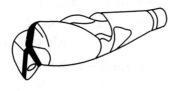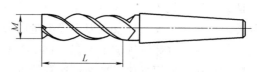

图 2-1　面铣刀

为几种常用的成形铣刀。

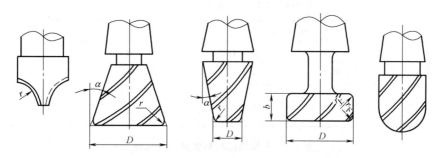

图 2-2　几种常用的成形铣刀

4）球头铣刀。适用于加工空间曲面零件，有时也用于平面类零件较大的转接凹圆弧的补加工。图 2-3 所示为常见的球头铣刀。

5）鼓形铣刀。图 2-4 所示为典型的鼓形铣刀，主要用于对变斜角类零件的变斜角面的近似加工。

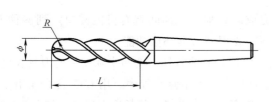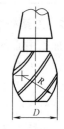

图 2-3　常见的球头铣刀　　　　　　　　　　　　　　图 2-4　典型的鼓形铣刀

除上述几种类型的铣刀外，数控铣床也可使用各种通用铣刀。但因不少数控铣床的主轴内有特殊的拉刀装置，或因主轴内孔锥度有别，须配制过渡套和拉杆。

（3）铣刀刀柄规格　数控加工系统是高柔性化的加工系统，刀具数量多，要求更换迅速。因此，刀辅具的标准化和系列化十分重要。发达国家对刀辅具的标准化和系列化都十分重视，不少国家不仅有国家标准，而且一些大的公司也都制定了自己的标准和系列。我国除了已制定的标准刀具系列外，还建立了 TSG82 数控工具系统。该系统是镗、铣类数控工具系统，是一个联系数控机床（含加工中心）的主轴与刀具之间的辅助系统。编程人员可以根据数控机床的加工范围，按标准刀具目录和标准工具系统选取和配置所需的刀具和辅具，供加工时使用。

TSG82 工具系统是与镗、铣类数控机床，特别是加工中心配套的辅具。该系统包括多种接长杆和刀柄，如镗、铣刀柄，莫氏锥孔刀柄，钻夹头刀柄，攻螺纹夹头刀柄，钻孔、扩孔、铰孔等类刀柄和接长杆，以及镗刀头等少量的刀具。用这些配套，数控机床就可以完成铣、钻、镗、扩、铰、攻螺纹等加工工艺。TSG82 工具系统中的各种辅具和刀具具有结构简单、紧凑、装卸灵活、使用方便、更换迅速等特点。

TSG82 工具系统中的各种工具型号用汉语拼音字母和数字进行编码。整个工具型号分前、后两段，在两段之间用"-"号隔开。工具型号的组成和表示方法见表 2-1，工具柄部的形式和尺寸代码见表 2-2。

表 2-1　工具型号的组成和表示方法

型号的组成	前　　段		后　　段	
表示方法	字母表示	数字表示	字母表示	数字表示
符号意义	柄部形式	柄部尺寸	工具用途、种类或结构形式	工具规格
举　例	JT	50	KH	40-80
书写格式	JT50-KH40-80			

表 2-2　工具柄部的形式和尺寸代码

柄部形式代码	柄部形式代码的意义	柄部尺寸数字的意义	柄部尺寸数字
JT	加工中心机床用锥柄柄部,带机械手夹持槽	ISO 锥度号	50
ST	一般数控机床用锥柄柄部,无机械手夹持槽	ISO 锥度号	40
MTW	无扁尾莫氏锥柄	莫氏锥度号	3
MT	有扁尾莫氏锥柄	莫氏锥度号	1
ZB	直柄接杆	直径尺寸	32
KH	7：24 锥度的锥柄接杆	锥柄的锥度号	45

2. 刀具补偿功能

加工中心的特点是可以在一次装夹中完成多种加工，期间就有可能需要用到多种刀具，然而这些刀具大小、长度都不相同，此时便需要用到刀具补偿功能。

（1）刀具长度补偿（G43、G44、G49）　将编程时的刀具长度和实际使用的刀具长度之差设定于刀具偏置存储器中。用该功能补偿这个差值而不用修改程序。用 G43 或 G44 指定偏置方向。由输入的相应地址号（H 代码），从偏置存储器中选择刀具长度偏置值，如图 2-5 所示。

指令格式：

G43 Z__ H__ ;　　　　　　//正向偏置

G44 Z__ H__ ;　　　　　　//负向偏置

说明：

1）偏置的方向。当指定 G43 时，用 H 代码指定的刀具长度偏置值（储存在偏置存储器中）加到在程序中由指令指定的终点位置坐标值上。当指定 G44 时，从终点位置坐标值中减去补偿值。补偿后的坐标值表示补偿后的终点位置，而不管选择的是绝对值还是增量值。如果不指定轴的移动，系统假定指定了不引起移动的移动指令。当用 G43 指令对刀具长度偏置指定一个正值时，刀具按照正向移动。当用 G44 指令指定正值时，刀具按照负向移动。当指定负值时，刀具在相反方向移动。G43 指令和 G44 指令是模态 G 代码，它们一直有效，

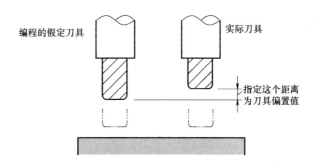

图 2-5 刀具长度偏置

直到指定同组的 G 代码为止。

2）刀具长度偏置值的指定。从刀偏存储器中取出由 H 代码（偏置号）指定的刀具长度偏置值并与程序的移动指令相加（或减）。

3）取消刀具长度偏置。指令 G49 或 H0 可以取消刀具长度偏置。在 G49 或 H0 指令之后，系统立即取消偏置方式。

刀具长度偏置实例（图 2-6）：按照（1）～（13）的顺序进行钻孔，钻孔完成后在步骤（12）中取消长度补偿。

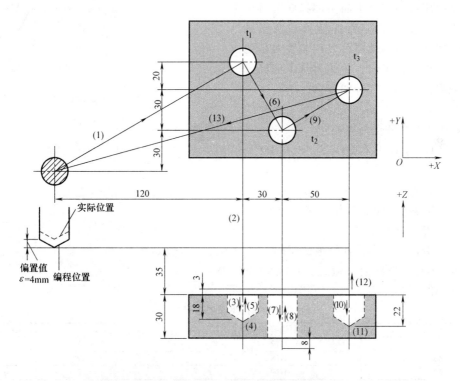

图 2-6 刀具长度偏置实例

程序如下 ［H1 =-4.0（刀具长度偏置值）］：

N1 G91 G00 X120.0 Y80.0；　　　　　（1）

N2 G43 Z-32.0 H1；　　　　　　　　（2）

N3 G01 Z-21.0 F1000；　　　　　　　（3）

N4 G04 P2000；　　　　　　　　　　（4）

N5 G00 Z21.0；　　　　　　　　　　（5）

N6 X30.0 Y-50.0；　　　　　　　　（6）

N7 G01 Z-41.0；　　　　　　　　　（7）

N8 G00 Z41.0；　　　　　　　　　　（8）

N9 X50.0 Y30.0；　　　　　　　　　（9）

N10 G01 Z-25.0；　　　　　　　　　（10）

N11 G04 P2000；　　　　　　　　　（11）

N12 G00 Z57.0 H0；　　　　　　　　（12）

N13 X-200.0 Y-60.0；　　　　　　　（13）

N14 M02；

（2）刀具半径补偿（G40、G41、G42）

当刀具移动时，刀具轨迹可以偏移一个刀具半径，如图 2-7 所示。为了偏移一个刀具半径，CNC（数控机床）首先建立长度等于刀具半径的偏置矢量（起刀点）。偏置矢量垂直于刀具轨迹。矢量的尾部在工件上而头部指向刀具中心。如果在起刀之后指定直线插补或圆弧插补，在加工期间，刀具轨迹可以用偏置矢量的长度偏移。在加工结束时，为使刀具返回到开始位置，须取消刀具半径补偿方式。

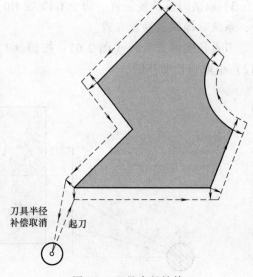

图 2-7　刀具半径补偿

指令格式：

1）起刀（刀具补偿开始）：

G00（或 G01）G41（或 G42）IP＿＿ D＿＿；

其中：

G41——左侧刀具半径补偿（07 组）；

G42——右侧刀具半径补偿（07 组）；

IP＿＿——指令坐标轴移动；

D＿＿——指定刀具半径补偿值的代码（1~3 位）（D 代码）。

2）刀具半径补偿取消（偏置方式取消）：G40；

偏置平面的选择见表 2-3。

表 2-3　偏置平面的选择

偏置平面	平面选择指令	地　址
XY	G17	X＿＿ Y＿＿
ZX	G18	X＿＿ Z＿＿
YZ	G19	Y＿＿ Z＿＿

说明：

1）刀偏取消方式。当电源接通时，CNC 系统处于刀偏取消方式。在取消方式中，矢量总是 0，并且刀具中心轨迹和编程轨迹一致。

2）起刀。当在偏置取消方式指定刀具半径补偿指令（G41 或 G42，在偏置平面内，非零尺寸字和除 D0 以外的 D 代码）时，CNC 进入偏置方式。用这个指令移动刀具称为起刀。起刀时应指令定位（G00）或直线插补（G01）。如果指令圆弧插补（G02、G03），则出现 P/S 报警 034。处理起刀程序段和以后的程序段时，CNC 预读两个程序段。

3）偏置方式。在偏置方式中，由定位（G00）、直线插补（G01）或圆弧插补（G02、G03）实现补偿。如果在偏置方式中，处理两个或更多刀具不移动的程序段（辅助功能、暂停等），刀具将产生过切或欠切现象。如果在偏置方式中切换偏置平面，则出现 P/S 报警 037，并且刀具停止移动。

4）偏置取消。在偏置方式中，当包含 G40 的程序段被执行或者执行了刀具半径补偿偏置号为 0 的程序段后，数控系统进入偏置取消方式，并且这个程序段的动作称为偏置取消。

当执行偏置取消时，圆弧指令（G02 和 G03）无效。如果指令圆弧插补，则产生 P/S 报警 034，并且刀具停止移动。在偏置取消方式中，控制系统执行在那个程序段和在刀具半径补偿缓存区中的程序段中的指令。在单段程序执行方式下读完一个程序段之后，控制系统执行它后并停止。每按一次循环启动按钮，执行一个程序段，且不阅读下个程序段。然后，在偏置取消方式中，正常情况下，下个要执行的程序段将储存在缓冲寄存器中，并且下个程序段不读进刀具半径补偿缓存区，如图 2-8 所示。

图 2-8　改变偏置方式

5）刀具半径补偿值的改变。通常在执行取消刀具半径补偿后才改变刀具半径补偿值，如在需要换刀时。如果在偏置方式中改变刀具半径补偿值，则在程序段的终点的矢量被计算作为新刀具半径补偿值，如图 2-9 所示。

6）正/负刀具半径补偿值和刀具中心轨迹。如果偏置量是负值（-），则 G41 指令和 G42 指令互换，即如果刀具中心正围绕工件的外轮廓移动，则它将绕着内侧移动，或者相反。以图 2-10 为例，一般情况下，偏置量会取正值。当刀具轨迹编程如图 2-10a 所示时，如果偏置量改为负值（-），则刀具中心轨迹变成如图 2-10b 所示。

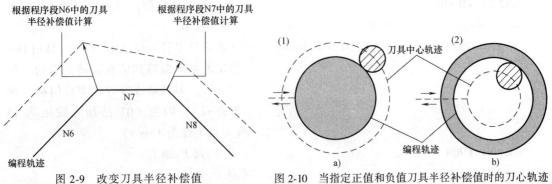

图 2-9　改变刀具半径补偿值　　图 2-10　当指定正值和负值刀具半径补偿值时的刀心轨迹

7）刀具半径补偿值设定。在 MDI 面板上，把刀具半径补偿值赋给 D 代码。表 2-4 所列为刀具半径补偿值的指定范围。

表 2-4　刀具半径补偿值的指定范围

	毫米输入	英寸输入
刀具半径补偿值	0~±999.999mm	0~±99.9999in

注：对应于偏置号 0 即 D0 的刀具半径补偿值总是 0。不能将 D0 设定为其他任何偏置量。

8）指定刀具半径补偿值。即赋给一个数来指定刀具半径补偿值。这个数由地址 D 后的 1~3 位数组成（D 代码）。D 代码一直有效，直到指定另一个 D 代码。D 代码用于指定刀具偏置值以及刀具半径补偿值，如图 2-11 所示。

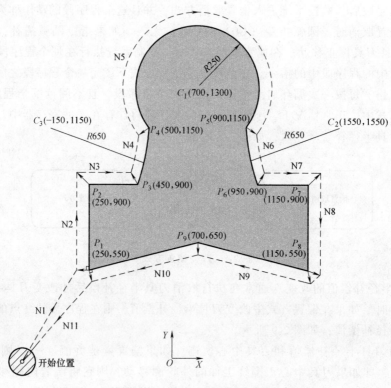

图 2-11　指定刀具半径补偿值

程序如下：

G92 X0 Y0 Z0;　　　　　　　　　　　//指定绝对坐标值。刀具定位在开始位置
　　　　　　　　　　　　　　　　　　　　（0，0，0）

N1 G90 G17 G00 G41 D07 X250.0 Y550.0;　//开始刀具半径补偿（起刀）。刀具用 D07
　　　　　　　　　　　　　　　　　　　　指定的距离偏移到编程轨迹的右边。换
　　　　　　　　　　　　　　　　　　　　句话说，刀具轨迹有刀具半径偏移（偏
　　　　　　　　　　　　　　　　　　　　置方式），因为 D07 已预先设定为 15
　　　　　　　　　　　　　　　　　　　　（刀具半径为 15mm）

N2 G01 Y900.0 F150;　　　　　　　　　//从 P_1 到 P_2 加工

N3 X450.0;　　　　　　　　　　　　　//从 P_2 到 P_3 加工

N4 G03 X500.0 Y1150.0 R650.0;　　　　　// 从 P_3 到 P_4 加工

N5 G02 X900.0 R－250.0;　　　　　　　// 从 P_4 到 P_5 加工

N6 G03 X950.0 Y900.0 R650.0;　　　　　// 从 P_5 到 P_6 加工

N7 G01 X1150.0;　　　　　　　　　　　// 从 P_6 到 P_7 加工

N8 Y550.0;　　　　　　　　　　　　　// 从 P_7 到 P_8 加工

N9 X700.0 Y650.0;　　　　　　　　　　// 从 P_8 到 P_9 加工

N10 X250.0 Y550.0;　　　　　　　　　　// 从 P_9 到 P_1 加工

N11 G00 G40 X0 Y0;　　　　　　　　　　// 取消偏置方式。刀具返回到开始位置

　　　　　　　　　　　　　　　　　　　　(0, 0, 0)

（3）刀具半径补偿产生的过切　在运行程序的时候，经常会产生一种报警，称为"C类刀补过切"。现说明如下。

1）加工半径小于刀具半径的内拐角。当拐角半径小于刀具半径时，因为刀具的内偏置将引起过切，显示报警，并且 CNC 在程序段的开始处停止。在单程序段运行中，因为刀具在程序段执行之后停止，所以产生过切，如图 2-12 所示。

2）加工小于刀具半径的沟槽。由于刀具半径补偿迫使刀具中心轨迹以与编程方向相反的方向移动，将引起过切。此时显示报警，并且 CNC 在该程序段的开始处停止，如图 2-13 所示。

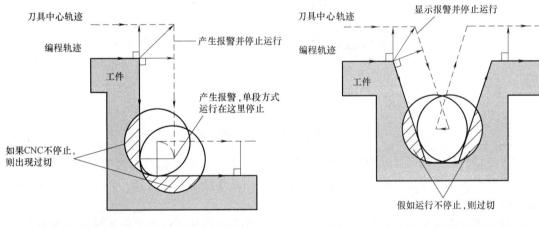

图 2-12　加工半径小于刀具半径的内拐角　　　　图 2-13　加工小于刀具半径的沟槽

3）加工小于刀具半径的台阶。当用圆弧加工指令加工台阶且编写的程序轨迹包含小于半径值的台阶时，用普通偏置得到的刀具中心轨迹成为编程方向的相反方向。此时，第一个矢量被忽略，并且刀具直线移动到第二个矢量位置，如图 2-14a 所示。单程序段运行停在该点上。如果不以单程序段方式加工，则继续自动运行。如果台阶为直线，将不产生报警，并且切削正确，但是未切削部分将保留，如图 2-14b 所示。

3. 基本对刀方法

在机床加工的过程中，机床是按照机床坐标系运动的，而程序是根据工件坐标系来编辑的，因此，为了保证机床加工位置的准确，必须进行对刀。对刀是指把工件坐标系的原点在机床坐标系中进行指定，使得机床能够在指定的位置对工件进行加工。

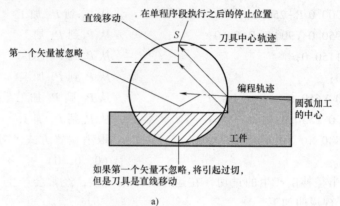

直线移动

第一个矢量被忽略

在单程序段执行之后的停止位置

S

刀具中心轨迹

编程轨迹

圆弧加工的中心

工件

如果第一个矢量不忽略, 将引起过切,
但是刀具是直线移动

a)

N1 G91 G00 G41 X500.0 Y400.0 D1;
N2 Y100.0;
N3 Z–250.0;
N5 G01 Z–50.0 F100;
N6 Y1000.0 F200;

工件

补偿生效后

N6

N2

N1

N3、N5: Z轴移动指令(2个程序段)
(500, 500)

b)

图 2-14　加工小于刀具半径的台阶

对刀的目的是通过刀具或对刀工具确定工件坐标系与机床坐标系之间的空间位置关系,并将对刀数据输入相应的存储位置。它是数控加工中最重要的操作内容,其准确性将直接影响零件的加工精度。

对刀操作分为 X 向、Y 向和 Z 向对刀。根据现有条件和加工精度要求选择对刀方法,可采用试切法对刀、寻边器对刀、机内对刀仪对刀、自动对刀等。其中试切法对刀较简单,但对刀精度较低。下面就试切法对刀过程进行简要介绍。

(1) 工件坐标系的设置　使编程原点与加工原点重合,需要进行工件坐标系设定。G54工件坐标系设定的含义就是当程序坐标用 G54 指令设定时,需要在机床内保证 G54 的机械坐标(即 G54 原点机械坐标)与编程原点重合。

下面以编程原点在工件左上角上表面时为例来说明坐标系设定的步骤。

1) 选择手轮方式。

2) 调整快进/手轮倍率。

3) 打开主轴进给保持。

4) 旋转手轮分别移动工作台和主轴到相互接近的位置。

5）对Z轴：

① 选Z轴。

② 使刀具与工件上表面接触。

③ 记下Z轴机械坐标值（如Z138.687）。

6）对Y轴：

① 选Y轴。

② 旋转手轮，使刀具与工件Y向原点所在侧面接触。

③ 记下主轴机械坐标值（如Y253.386）。

7）对X轴：

① 选X轴。

② 旋转手轮，使刀具与工件X向原点所在侧面接触。

③ 记下主轴机械坐标值（如X-511.688）。

8）按下【OFS/SET】键，再按【坐标系】软键，把光标移到"番号01（G54）"处，分别输入X坐标加刀具半径值、Y坐标减去刀具半径值后的数值。

例：刀具半径值为5mm，则G54后面的X = -511.688 + 5 = -506.688，Y = 253.386 - 5 = 248.386，如图2-15所示。此时在G54坐标系下，当刀具回零并执行刀具补偿时，G54原点、刀具中心与编程原点重合。

```
工件坐标系设定                              O0020        N0020
  (G54)
  番号      数据              番号      数据
  00      X      0.000        02      X      0.000
 (EXT)    Y      0.000       (G55)     Y      0.000
          Z      0.000                Z      0.000

  01      X    -506.688       04      X      0.000
 (G54)    Y     248.386      (G56)     Y      0.000
          Z     138.687                Z      0.000

  ) _                                  S    0L     0%

  MDI STOP      *** ***              10:22:29
  [补正]      [SETTING]      [坐标系]     [   ]      [(操作)]
```

图2-15 工件坐标系设定（一）

注意：加工时，根据刀具路径需要设定刀具半径补偿。

回零后按【POS】键，工件坐标系显示如图2-16所示。

或者按下【OFS/SET】键，再按【坐标系】软键，把光标移到"番号00（EXT）"对应的处标，X处输入刀具半径正值、Y处输入刀具半径负值，如图2-17所示。

此时在G54坐标系下，当刀具回零时，刀具中心与编程原点重合，而G54原点不与编程原点重合。采用如下方法判断加或减掉半径值。

对好刀后，根据右手定则来判断，为了保证刀具中心与编程原点重合，当刀具需正向移动时输入正的半径值；刀具需负向移动时输入负的半径值。

回零后按【POS】键，工件坐标系显示如图2-18所示。

```
现在位置化                          O0020      N0020
  (相对坐标)                        (绝对坐标)
  X        278.312              X      10.000
  Y       −220.610              Y      20.000
  Z       −290.911              Z      60.000

  (机械动量)                       (余移动量)
  X       −506.688              X       0.000
  Y        248.386              Y       0.000
  Z        138.687              Z       0.000

  JOG    F    600               加工部件数      16
  运转时间    80H21M            切削时间    0H15M35S
  ACT:F      0MM/分                       S   0L   0%
  MDI  ****   ***   ***                10:25:29
  [绝对]    [相对]      [组合]    [HWDL]   [(操作)]
```

图 2-16 工件坐标系显示 (一)

注意：加工时，根据刀具路径需要设定刀具半径补偿。

```
工件坐标系设定                       O0020      N0020
  (G54)
  番号        数据              番号        数据
  00      X       5.000        02      X      0.000
  (EXT)   Y      −5.000        (G55)   Y      0.000
          Z       0.000                Z      0.000

  01      X     −511.688       04      X      0.000
  (G54)   Y      253.386       (G56)   Y      0.000
          Z      138.687                Z      0.000

  )  _                                  S   0L   0%

  MDI:STOP   ***   ***                10:28:29
  [补正]    [SETTING]     [坐标系]    [  ]   [(操作)]
```

图 2-17 工件坐标系设定 (二)

```
现在位置化                          O0020      N0020
  (相对坐标)                        (绝对坐标)
  X        278.312              X      10.000
  Y       −220.610              Y      20.000
  Z       −290.911              Z      60.000

  (机械坐标)                       (余移动量)
  X       −511.688              X       0.000
  Y        253.386              Y       0.000
  Z        138.687              Z       0.000

  JOG    F    600               加工部件数      16
  运转时间    80H21M            切削时间    0H15M35S
  ACT:F      0MM/分                       S   0L   0%
  MDI  ****   ***   ***                10:28:29
  [绝对]    [相对]      [组合]    [HWDL]   [(操作)]
```

图 2-18 工件坐标系显示 (二)

（2）刀具直接补偿的设定

1）按【OFS/SET】键若干次，出现图2-19所示画面。

2）按光标移动键，将光标移至需要设定刀补的相应位置。

3）输入补偿量。

4）按【INPUT】键。

如果要修改补偿值，输入一个将要加到当前补偿值的值（负值将减小当前的值），并按【+输入】键，或者输入一个新值，并按【INPUT】键。

（3）刀具测量补偿的设定

1）选择"手轮"或"JOG"（点动）方式。

2）安装基准刀具。

3）Z向对刀。手动操作移动基准刀具使其与工件上的一个指定点接触。

4）按【POS】键若干次，直到显示具有相对坐标的现在位置画面，如图2-20所示。

5）按地址键【Z】，按软键【起源】，将相对坐标系中闪亮的Z轴的相对坐标值复位为"0"。

6）按下功能键【OFS/SET】若干次，出现图2-19所示画面。

```
刀具补正                          O0020      N0020
番号    形状(H)    磨损(H)    形状(D)    磨损(D)
001     0.000     0.000     0.000     0.000
002     0.000     0.000     0.000     0.000
003     0.000     0.000     0.000     0.000
004     0.000     0.000     0.000     0.000
005     0.000     0.000     0.000     0.000
006     0.000     0.000     0.000     0.000
007     0.000     0.000     0.000     0.000
008     0.000     0.000     0.000     0.000
现在位置    （相对坐标）
   X      -402.944           Y      -5.909
   Z        61.113
)_                                  S   0L   0%
MDI STOP   *** ***          10:22:29
[补正]  [SETTING]  [坐标系]  [  ]  [(操作)]
```

图2-19 刀具补偿值设定

7）按屏幕下方右侧【扩展】软键，出现如图2-21所示画面。

8）安装要测量的刀具，手动操作移动对刀，使其与基准刀同一对刀点位置接触。两把刀的长度差显示在屏幕画面的相对坐标系中。

9）按光标移动键，将光标移至需要设定刀补的相应位置。

10）按地址键【Z】，按软键【C.输入】，Z轴的相对坐标被输入，并被显示为刀具长度偏置补偿。

```
现在位置(相对坐标)              O0020      N0020
   X      278.312

   Y     -220.610

   Z     -290.911

JOG    F     600          加工部件数  16
运转时间  80H21M          切削时间 0H15M35S
ACT:F     0MM/分               S  0L  0%
MDI  STOP  *** ***          10:25:29
[预定]  [起源]  [坐标系]  [元件:0]  [运转:0]
```

图2-20 显示相对坐标

```
刀具补正                          O0020      N0020
番号    形状(H)    磨损(H)    形状(D)    磨损(D)
001     0.000     0.000     0.000     0.000
002     0.000     0.000     0.000     0.000
003     0.000     0.000     0.000     0.000
004     0.000     0.000     0.000     0.000
005     0.000     0.000     0.000     0.000
006     0.000     0.000     0.000     0.000
007     0.000     0.000     0.000     0.000
008     0.000     0.000     0.000     0.000
现在位置    （相对坐标）
   X      -402.944           Y      -5.909
   Z        61.113
)_                                  S   0L   0%
MDI STOP   *** ***          10:22:29
[NO检索]  [SETTING]  [C.输入]  [+输入]  [-输入]
```

图2-21 刀具补偿值设定

（4）刀具长度补偿对刀举例　工件如图 2-6 所示，工件原点在工件中心上表面，加工用的三把立铣刀直径分别为：$\phi10mm$、$\phi16mm$、$\phi20mm$，长度分别为：L_1、L_2、L_3，现选择 $\phi10mm$ 立铣刀为基准刀，则 $\Delta L_1 = L_2 - L_1$、$\Delta L_2 = L_3 - L_1$ 分别为 $\phi16mm$ 和 $\phi20mm$ 立铣刀的长度补偿值，对刀并设定刀补。步骤如下：

1）安装 $\phi10mm$ 立铣刀（基准刀）。

2）刀具接触工件一侧。

3）按【POS】键若干次，直至画面显示"现在位置（相对坐标）"。

4）输入"X"，按【起源】软键，X 坐标显示为"0"。

5）Z 向移动刀具至安全高度。

6）刀具接触工件另一侧。

7）Z 向移动刀具至安全高度，记下 X 坐标值，移动工作台至 $X/2$ 坐标值处。

8）输入该点机械坐标值为 G54 原点 X 坐标值。

9）以同样方式在 Y 轴方向对刀，输入 Y 轴 G54 原点值。

10）Z 向移动刀具至安全高度。

11）使刀具接触工件上表面。

12）按【POS】键，直至画面显示"现在位置（相对坐标）"。

13）输入"Z"，按【起源】软键，Z 坐标显示为"0"。

14）输入该点机械坐标值为 G54 原点 Z 坐标值。

15）Z 向移动刀具至安全高度。

16）安装 $\phi16mm$ 立铣刀。

17）使刀具接触工件上表面。

18）按【POS】键若干次，直至画面显示"现在位置（相对坐标）"。

19）按屏幕下方右侧【画面转换】软键，出现【刀具补正】画面。

20）按光标移动键，将光标移至需要设定刀补的相应位置。

21）按地址键【Z】。

22）按【C. 输入】软键，Z 轴的相对坐标被输入，并被显示为长度偏置补偿。

23）Z 向移动刀具至安全高度。

24）安装 $\phi20mm$ 立铣刀。

25）重复步骤 17）~23）。

注意：Z 向对刀时，三把立铣刀在工件上表面的接触点应一致。

4. 数控加工切削用量的确定

合理选择切削用量的原则是，粗加工时，一般以提高生产率为主，但也应考虑经济性和加工成本；半精加工和精加工时，应在保证加工质量的前提下，兼顾切削效率、经济性和加工成本。具体数值应根据机床说明书、切削用量手册，并结合经验而定。

（1）背吃刀量 a_p　在机床、工件和刀具刚度允许的情况下，a_p 就等于加工余量，这是提高生产率的一个有效措施。为了保证零件的加工精度和表面粗糙度，一般应留一定的余量进行精加工。数控机床的精加工余量可略小于普通机床。

（2）侧吃刀量 a_e　一般 a_e 与刀具直径 d 成正比，与背吃刀量 a_p 成反比。经济型数控加工中，一般 a_e 的取值范围为：$a_e=(0.6\sim0.9)d$。

（3）切削速度 v（主轴转速 n）　提高 v 也是提高生产率的一个措施，但 v 与刀具寿命的关系比较密切。随着 v 的增大，刀具寿命急剧下降，故 v 的选择主要取决于刀具寿命。另外，切削速度与加工材料也有很大关系。例如：用立铣刀铣削合金钢 30CrNi2MoVA 时，v 可取 8m/min 左右；而用同样的立铣刀铣削铝合金时，v 可取 200m/min 以上。

主轴转速 n（r/min）一般根据切削速度 v（m/min）来选定，计算公式为

$$n=\frac{1000v}{\pi D}$$

式中，D 为刀具或工件直径（mm）。

数控机床的控制面板上一般备有主轴转速修调（倍率）开关，可在加工过程中对主轴转速进行整倍数调整。

（4）进给速度 v_f　v_f 应根据零件的加工精度和表面粗糙度要求以及刀具和工件材料来选择。增大 v_f 也可以提高生产率。加工表面质量要求低时，v_f 可选择得大些。在加工过程中，v_f 也可通过机床控制面板上的修调开关进行人工调整，但是最大进给速度要受到设备刚度和进给系统性能等的限制。

数控编程时，编程人员必须确定每道工序的切削用量，并以指令的形式写入程序中。切削用量包括主轴转速、背吃刀量及进给速度等。对于不同的加工方法，需要选用不同的切削用量。选择切削用量的原则是：保证零件加工精度和表面粗糙度，充分发挥刀具的切削性能，保证合理的刀具寿命，并充分发挥机床的性能，最大限度提高生产率，降低成本。

确定进给速度的原则：

1）当工件的质量要求能够得到保证时，为提高生产率，可选择较高的进给速度。一般在 100~200mm/min 内选取。

2）在切断、加工深孔或用高速钢刀具加工时，宜选择较低的进给速度，一般在 20~50mm/min 内选取。

3）当加工精度、表面质量要求高时，进给速度应选小些，一般在 20~50mm/min 内选取。

4）刀具空行程时，特别是远距离"回零"时，可以设定该机床数控系统设定的最高进给速度。

总之，切削用量的具体数值应根据机床性能、相关手册并结合实际经验用类比方法确定。同时，使主轴转速、背吃刀量及进给速度三者能相互适应，以形成最佳切削用量。随着数控机床在生产实际中的广泛应用，数控编程已经成为数控加工中的关键问题之一。因此，编程人员必须熟悉刀具的选择方法和切削用量的确定原则，从而保证零件的加工质量和加工效率，充分发挥数控机床的优点，提高企业的经济效益和生产水平。

5. 走刀路线的确定

数控加工的工序确定以后，就要确定每道工序的走刀路线（或称加工路线）。走刀路线是指数控加工过程中刀具相对于工件的运动轨迹与方向。走刀路线的选择一般考虑确保加工质量、尽可能缩短走刀路线、有利于简化编程计算、有利于工艺处理及"少换刀"等原则。

为了获得最短走刀路线与最佳进给方式，主要要求大余量切除的走刀次数要少，每一次走刀应切除尽可能多的加工内容，尽量减少或缩短空行程等。

刀具的切入（安全距离）及其切出应按有关标准或推荐值选用，不应过长。对于孔加工，在开始接近工件时，为了缩短加工时间，通常将刀具在 Z 轴方向快速运动到离工件表面 2~5mm 处（称为安全高度），然后以工作进给速度开始加工。

图 2-22 所示为铣凹槽走刀路线。图 2-22a 所示为用行切法，路线短，但工件轮廓周边有较大的残留余量；图 2-22b 所示为环切法，计算较复杂且路线较长；图 2-22c 所示为用行切法粗铣，最后用环切法精铣内轮廓一周，既保证了加工质量，计算又简单，路线也较环切法短，是较佳方案。

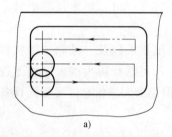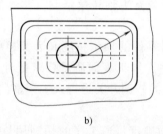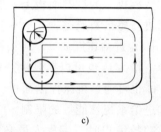

a)　　　　　　　　　b)　　　　　　　　　c)

图 2-22　铣凹槽走刀路线
a）行切法　b）环切法　c）行切法+环切法

在铣削平面零件时，如果在零件垂直表面方向上下刀，就会留下划痕，影响零件的表面粗糙度，应该避免。另外，零件轮廓的最终加工应尽量保证一次连续完成，避免在进给中途停顿。因进给停顿时刀具仍继续运转，由于切削力的改变，会引起零件、夹具、机床系统的弹性变形，从而在停顿处留下凹痕。例如：加工图 2-22b 所示的槽形零件时，应先把槽腔部分铣削掉，并在轮廓方向留有一定余量，然后进行轮廓连续精加工，以保证零件表面粗糙度达到技术要求。

在数控加工过程中，用立铣刀的端刃和侧刃铣削平面轮廓零件时，为了避免在轮廓的切入点和切出点由于弹性变形留下刀痕，要考虑切入点和切出点的程序处理。切入点和切出点一般选在零件轮廓两几何元素的交点处，沿轮廓外形的延长线切入和切出。延长线可由相切的圆弧和直线组成，这样可以保证加工出的零件轮廓形状平滑。

图 2-23 所示为内、外圆柱面铣削的走刀路线。图 2-23a 所示为铣外圆轮廓，铣刀中心自起点 A 沿路径①至 B 点并继续沿路径②铣外轮廓一周，经路径③退离。其中 AB 与 BC 分别为切入外延长线段和切出外延长线段，以保证切入点与切出点的光滑。图 2-23b 所示为铣内圆轮廓，铣刀中心起点位于工件轮廓的中心线上，刀具中心沿路径①至 A 点，再顺次沿路径②、③（偏心圆）、④（工件轮廓）、⑤（偏心圆）、⑥、①回至起点。其中路径③、⑤分别为切入内延和切出内延的圆弧延长线。同理，对于非圆曲线平面轮廓的铣削（如平板凸轮等），同样要有切入及切出的延长曲线。

2.1.2　会进行凸模零件的外轮廓加工

模具零件特别是箱体类模具大多包含有各种各样不同的轮廓形状，而大部分的轮廓形状

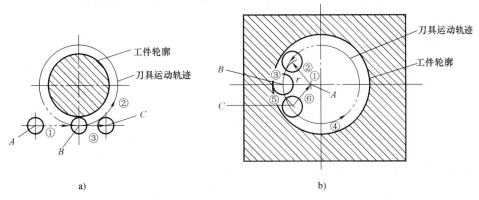

图 2-23 内、外圆柱面铣削的走刀路线

a）铣外圆轮廓 b）铣内圆轮廓

都是由直线和圆弧组成的，只要掌握好这两种形状的编程方法，就能适应大部分较简单的模具零件的编程。

外轮廓零件的数控铣削加工实例如下：

1）零件图分析。编制图 2-24a 所示零件的外形精加工程序，深度为 6mm。用刀具半径补偿功能完成零件的精加工。

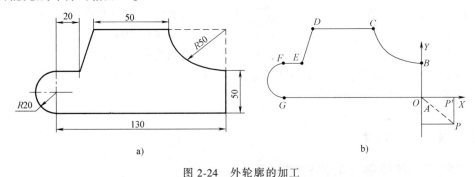

图 2-24 外轮廓的加工

a）零件图 b）加工工艺路线

2）工艺分析。

① 装夹定位的确定。用螺栓将两块压板固定在零件的两侧，使零件处于工作台中心位置。

② 刀具加工起点及加工路线的确定。刀具加工起点位置应在工件上方，不接触工件，但不能使空刀行程太长。由于铣削零件平面轮廓时用刀具的侧刃，为了避免在零件轮廓的切入点和切出点处留下刀痕，应沿轮廓外形的延长线切入和切出。切入和切出点一般选在零件轮廓两几何元素的交点处。此外，应避免在零件垂直表面的方向下刀，否则会留下划痕，影响零件的表面粗糙度。刀具的加工起点位置可选为刀具，底部 Z 向距工件零件上表面 10mm，刀具中心在 X 向距零件右侧面 20mm，Y 向距零件前侧面 20mm，即 P 点坐标为（20，-20，10）。如图 2-24b 所示，采用逆铣方向，从 A 点切入，沿零件轮廓 $ABCDEFGA$，通过建立右刀补，调用刀具半径补偿偏置量，完成精加工，并从 A 点切出，最后取消刀补，刀具回到起点位置。

③ 加工刀具和切削用量的确定。选择 ϕ12mm 立铣刀，主轴转速为 600r/min，进给速度为 100mm/min。

④ 确定加工坐标原点。加工坐标原点为 O 点，Z 向为零件上表面，使用 G54 指令建立工件坐标系，加工起点为 P（20，-20，10）。

3）编写加工程序：

O0001	//第 1 号程序
N10 G90 G54 G00 X20 Y20 Z10 ；	//绝对值编程，刀具起始点为（20，-20，10）
N20 G42 D01 X0 M03 S600 ；	//刀具半径右补偿，主轴正转
N30 G01 Z-6 F100 ；	//下刀到 $Z=-6$mm 处，进给速度为 100mm/min
N40 Y50 ；	//加工直线 OB
N50 G02 X-50 Y100 R50 ；	//加工圆弧 BC
N60 G01 X-100 ；	//加工直线 CD
N70 X-110 Y40 ；	//加工直线 DE
N80 X-130 ；	//加工直线 EF
N90 G03 X-130 Y0 R20 ；	//加工圆弧 FG
N100 G01 X20 ；	//加工直线 GO，直线退刀到 P'点
N110 G40 G00 Y-20 ；	//取消刀具半径补偿，回到 P 点
N120 Z10 ；	//抬刀到距零件上表面 10mm 处
N130 M30 ；	//程序停止并返回到程序开头

4）输入零件加工程序，输入刀补值，地址为 D01，刀具半径补偿值为 6mm。

5）程序校验及加工轨迹仿真，修改程序。

6）对刀操作。

7）到对刀位，自动加工。

2.1.3　会进行凹模零件的内轮廓加工

在加工凹模的时候会遇到很多型腔加工的问题，型腔加工的方法有很多种。根据型腔的特点，不可能从工件毛坯之外下刀，这里提供三种下刀的方法，以供参考。

1. 加工型腔下刀方法

加工型腔的下刀方法主要有以下三种：

1）预钻削起始孔。不推荐这种方法，因为使用这种方法需要增加一种刀具，而且刀具通过预钻削孔时会因切削力而产生不利的振动，通常会导致刀具损坏。

2）坡走铣。使用 X/Y 和 Z 方向的线性坡走切削，以达到全部轴向深度的切削，如图 2-25所示。

3）螺旋插补铣。这是一种非常好的方法，因为它可产生光滑的切削效果，而只要求很小的开始空间，如图 2-26 所示。

2. 键槽加工方法

（1）顺逆圆槽加工　使用顺逆圆槽加工方法可以很方便地进行大面积的圆槽铣削，如图 2-27 所示。可以分别使用 G12 和 G13 指令进行顺圆槽加工和逆圆槽加工。

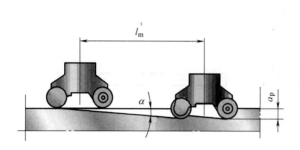

图 2-25　坡走铣

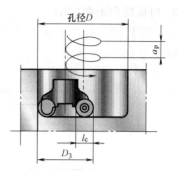

图 2-26　螺旋插补铣

指令格式：

G12（G13）I ＿ K ＿ Q ＿ D ＿ F ＿；

其中：

I——开始加工圆半径；

K——加工圆槽半径；

Q——每次进给量；

D——刀具直径偏置号；

F——进给速度。

（2）顺逆方槽加工　使用顺逆方槽加工方法可以很方便地进行大面积的方槽铣削，如图 2-28 所示。可以分别使用 G71 和 G72 指令进行顺方槽加工和逆方槽加工。

格式：

G71（G72）X ＿ Y ＿ W ＿ D ＿ F ＿；

其中：

X——X 方向槽宽度；

Y——Y 方向槽宽度；

W——每次进给量；

D——刀具直径偏置号；

F——进给进度。

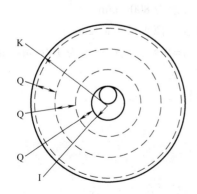

图 2-27　圆槽加工示意图

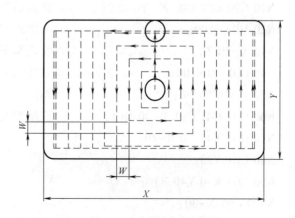

图 2-28　方槽加工示意图

3. 内槽轮廓的数控加工

（1）零件图分析　对图 2-29 所示的内槽轮廓进行数控铣加工，要求型腔深度为 5mm，工件厚度为 10mm。

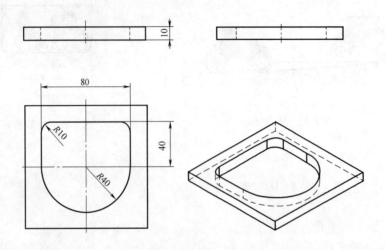

图 2-29　内槽轮廓的数控铣加工

（2）工艺分析

1）定位装夹的确定。装夹可采用平口钳。

2）加工路线的确定。可以坯料中心为对称点，使刀具左右倾斜摆动，形成一个刀槽，然后下刀铣型腔内轮廓，最后将中间多余金属铣掉。

3）加工刀具的确定。选择 φ20mm 立铣刀，刀具补偿量为 10mm。

4）切削用量的确定。选择主轴转速为 800r/min，进给速度为 100mm/min。

5）确定工件坐标系原点。如图 2-29 所示，以坯料中心为工件坐标系原点。

（3）编写加工程序

1）主程序

O0005　　　　　　　　　　　　　　//第 5 号程序

N10 G90 G54 G00 X0 Y0 Z50；　　　//绝对值编程，快速移动到工件原点上方 50mm 处

N20 M03 S800；　　　　　　　　　 //主轴正转，转速为 800r/min

N30 X-20 Z2；　　　　　　　　　　//快进至下刀点（离工件表面 2mm）

N40 G01 Z0 F100；　　　　　　　　//直线插补至 Z = 0 处，进给速度为 100mm/min

N50 M98 P50006；　　　　　　　　 //调用子程序 5 次

N60 G90 G41 G01 X-40 D01；　　　//铣削型腔内轮廓

N70 G03 X40 Y0 R-40；

N80 G01 Y30；

N90 G03 X30 Y40 R10；

N100 G01 X-30；

N110 G03 X-40 Y30 R10；

N120 G01 Y0；

N130 G00 G40 X0 Y0；

N140 G42 G01 X20； // 将内部多余金属铣掉

N150 G02 X-20 Y0 R-20；

N160 G01 Y10；

N170 G02 X-10 Y20 R10；

N180 G01 X10；

N190 G02 X20 Y10 R10；

N200 G01 Y0；

N210 G00 G40 X0 Y0； // 快进至工件原点，取消刀补

N220 Z50； // 快速退刀，离开工件表面50mm

N230 M05； // 主轴停转

N240 M30； // 程序结束

2）子程序：

O0006 // 子程序号

N10 G91 G01 X40 Z-0.5； // X 方向增加40mm，Z 方向增加-0.5mm

N20 X-40 Z-0.5； // X 方向增加-40mm，Z 方向增加-0.5mm

N30 M99； // 子程序结束

2.1.4 会进行模板零件的孔系加工

1. 高速排屑钻孔循环（G73）

该循环执行高速排屑钻孔。它执行间歇切削进给直到孔的底部，同时从孔中排出切屑，如图2-30所示。

指令格式：

G73 X __ Y __ Z __ R __ Q __ F ____；

其中：

X、Y——钻孔的位置；

Z——加工深度；

R——参考点；

Q——每次进给量；

F——进给率；

K——加工次数（须以G91指定使用）；

G98——回归起始点；

G99——回归 R 点。

说明：

高速排屑钻孔循环沿着 Z 轴执行间歇进给，当使用这个循环时，切屑容易从孔中排出，并且能够设定较小的回退值。这允许有效地执行钻孔。在参数5114中设定退刀量 d，刀具

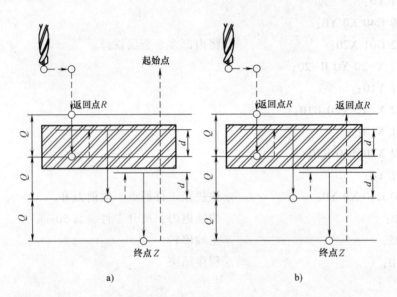

图 2-30   G73 钻孔循环

a）G73（G98） b）G73（G99）

快速移动退回。在指定 G73 之前，用辅助功能旋转主轴（M 代码）。当 G73 指令和 M 代码在同一程序段中指定时，在第一个定位动作的同时，执行 M 代码。然后，系统处理下一个钻孔动作。当指定加工次数 K 时，只在第一个孔执行 M 代码，对第二个和以后的孔，不执行 M 代码。当在固定循环中指定刀具长度偏置（G43、G44 或 G49）时，在定位到 R 点的同时加偏置。

注意事项：

1）在改变钻孔轴之前必须取消固定循环。

2）在不包含 X、Y、Z、R 其中之一的程序段中不执行钻孔。

3）在执行钻孔的程序段中指定 Q/R。如果在不执行钻孔的程序段中指定它们，它们不能作为模态数据被储存。

4）不能在同一程序段中指定 01 组 G 代码（G00～G03）和 G73，否则 G73 将被取消。

5）在固定循环方式中，刀具偏置被忽略。

程序示例：

M03 S2000；	//主轴开始旋转（正转）

G90 G99 G73 X300.0 Y−250.0 Z−150.0 //定位，钻孔 1，然后返回到 R 点
R−100.0 Q15.0 F120；

Y−550.0；	//定位，钻孔 2，然后返回到 R 点
Y−750.0；	//定位，钻孔 3，然后返回到 R 点
X1000.0；	//定位，钻孔 4，然后返回到 R 点
Y−550.0；	//定位，钻孔 5，然后返回到 R 点
G98 Y−250.0；	//定位，钻孔 6，然后返回初始位置平面

G80 G28 X0 Y0 Z0；　　　　　　　//返回到参考点

M05；　　　　　　　　　　　　//主轴停止旋转

2. 钻孔循环（G81）

该循环用于正常钻孔。切削进给执行到孔底，然后，刀具从孔底快速移动退回，如图 2-31 所示。

指令格式：

G90（G91）　G98（G99）　G81 X __ Y __ Z __ R __ K __ F __ ；

其中：

X、Y——钻孔的位置；

Z——加工深度；

R——参考点；

F——进给率；

K——加工次数（须以 G91 指定使用）；

G98——回归起始点；

G99——回归 R 点。

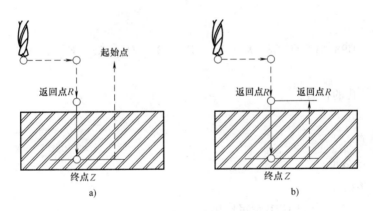

图 2-31　G81 钻孔循环

a）G81（G98）　b）G81（G99）

说明：

在沿着 X 和 Y 轴定位以后，快速移动到 R 点。从 R 点到 Z 点执行钻孔加工，然后，刀具快速移动退回。在指定 G81 之前，用辅助功能（M 代码）旋转主轴。当 G81 指令和 M 代码在同一程序段中指定时，在第一个定位动作的同时执行 M 代码。然后，系统处理下一个动作。当指定加工次数 K 时，只对第一个孔执行 M 代码；对第二个或以后的孔，不执行 M 代码。当在固定循环中指定刀具长度偏置（G43、G44 或 G49）时，在定位到 R 点的同时加偏置。

注意事项：

1）在切换钻孔轴之前必须取消固定循环。

2）在不包含 X、Y、Z、R 其中之一的程序段中不执行钻孔。

3）不能在同一程序段中指定 01 组 G 代码（G00～G03）和 G81，否则 G81 将被取消。

4）在固定循环方式中，刀具偏置被忽略。

程序示例：

M03 S2000;   //主轴开始旋转（正转）

G90 G99 G81 X300.0 Y-250.0 Z-150.0   //定位，钻孔 1，然后返回到 R 点
R-100.0 F120;

　　Y-550.0;   //定位，钻孔 2，然后返回到 R 点

　　Y-750.0;   //定位，钻孔 3，然后返回到 R 点

　　X1000.0;   //定位，钻孔 4，然后返回到 R 点

　　Y-550.0;   //定位，钻孔 5，然后返回到 R 点

G98 Y-250.0;   //定位，钻孔 6，然后返回初始位置平面

G80 G28 X0 Y0 Z0 ;   //返回到参考点

M05;   //主轴停止旋转

3. 排屑钻孔循环（G83）

该循环执行深孔钻。间歇切削进给到孔的底部，钻孔过程中从孔中排除切屑，如图 2-32 所示。

指令格式：

G90（G91）G98（G99）G83 X＿ Y＿ Z＿ R＿ Q＿ K＿ F＿;

其中：

X、Y——钻孔的位置；

Z——加工深度；

R——参考点；

Q——每次进给量；

F——进给率；

K——加工次数（须以 G91 指定使用）；

G98——回退到起始点；

G99——回退到 R 点。

说明：

Q 表示每次切削进给的背吃刀量。它必须用增量值指定。在第二次和以后的切削进给中，执行快速移动到上次钻孔结束之前的 d 点，再次执行切削进给。d 点在参数（No.5115）中设定。Q 必须指定为正值，负值被忽略（无效）。指定 G83 之前，用辅助功能旋转主轴（M 代码）。当 G83 代码和 M 代码在同一程序段中指定时，在第一个定位动作的同时，执行 M 代码。然后，系统处理下一个钻孔动作。当指定加工次数 K 时，只在第一个孔执行 M 代码，对第二个孔和以后的孔，不执行 M 代码。当固定循环中指定刀具长度偏置（G43、G44 或 G49）时，在定位到 R 点的同时加偏置。

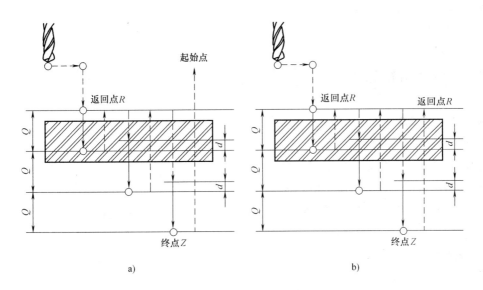

a)　　　　　　　　　　　　　　b)

图 2-32　G83 钻孔循环

a) G83（G98）　b) G83（G99）

注意事项：

1）在切换钻孔轴之前必须取消固定循环。

2）在不包含 X、Y、Z、R 其中之一的程序段中不执行钻孔。

3）在执行钻孔的程序段中指定 Q。如果在不执行钻孔的程序段中指定，则 Q 不能作为模态数据被存储。

4）不能在同一程序段中指定 01 组 G 代码（G00~G03）和 G83，否则 G83 将被取消。

5）在固定循环方式中，刀具偏置被忽略。

程序示例：

M03 S2000；	//主轴开始旋转（正转）
G90 G99 G83 X300.0 Y-250.0 Z-150.0 R-100.0 Q15.0 F120；	//定位，钻孔 1，然后返回到 R 点
Y-550.0；	//定位，钻孔 2，然后返回到 R 点
Y-750.0；	//定位，钻孔 3，然后返回到 R 点
X1000.0；	//定位，钻孔 4，然后返回到 R 点
Y-550.0；	//定位，钻孔 5，然后返回到 R 点
G98 Y-250.0；	//定位，钻孔 6，然后返回初始位置平面
G80 G28 X0 Y0 Z0；	//返回到参考点
M05；	//主轴停止旋转

4. 其他一些固定循环指令格式

（1）G82 钻孔循环（孔底可暂停）　指令格式：

G90（G91）G98（G99）G82 X ＿ Y ＿ Z ＿ R ＿ P ＿ K ＿ F ＿ ；

其中：

X、Y——钻孔的位置；

Z——加工深度；

R——参考点；

P——底孔位置暂停；

F——进给率；

K——加工次数（须以 G91 指定使用）；

G98——回归起始点；

G99——回归 R 点。

（2）G76 精镗孔加工　指令格式：

G90（G91）G98（G99）G76 X＿ Y＿ Z＿ R＿ Q＿ K＿ F＿；

其中：

X、Y——镗孔的位置；

Z——加工深度；

R——参考点；

Q——刀具平移量；

F——进给率；

K——加工次数（须以 G91 指定使用）；

G98——回归起始点；

G99——回归 R 点。

（3）G85 镗孔循环　指令格式：

G90（G91）G98（G99）G85 X＿ Y＿ Z＿ R＿ K＿ F＿；

其中：

X、Y——镗孔的位置；

Z——镗孔深度；

R——参考点；

F——进给率；

K——加工次数（须以 G91 指定使用）；

G98——回归起始点；

G99——回归 R 点。

（4）G74（左旋）/ G84（右旋）攻螺纹循环　指令格式：

G90（G91）（G98）（G99）G74/G84 X＿ Y＿ Z＿ R＿ K＿ F＿；

其中：

X、Y——攻螺纹的位置；

Z——攻螺纹深度；

R——参考点；

F——进给率；

K——加工次数（须以 G91 指定使用）；

G98——回归起始点；

G99——回归 R 点。

5. 固定循环取消（G80）

G80 用于取消固定循环。

指令格式：

G80；

说明：

取消所有固定循环，执行正常操作，R 点和 Z 点也被取消。这意味着，在增量方式下，$R=0$ 和 $Z=0$。其他钻孔数据也被取消（清除）。

程序示例：

M03 S100；	//主轴开始旋转
G90 G99 G88 X300.0 Y-250.0 Z-150.0 R-120.0 F120；	//定位，镗孔1，然后返回到 R 点
Y-550.0；	//定位，镗孔2，然后返回到 R 点
Y-750.0；	//定位，镗孔3，然后返回到 R 点
X1000.0；	//定位，镗孔4，然后返回到 R 点
Y-550.0；	//定位，镗孔5，然后返回到 R 点
G98 Y-250.0；	//定位，镗孔6，然后返回初始位置平面
G80 G28 G91 X0 Y0 Z0；	//返回到参考点，取消固定循环
M05；	//主轴停止旋转

6. 固定循环编程举例

如图 2-33 所示，偏置值 +200.0 被设置在偏置号 No.11 中，+190.0 被设置在偏置号 No.15 中，而 +150.0 被设置在偏置号 No.31 中。程序如下：

N001 G92 X0 Y0 Z0；	//在参考点设置工件坐标系
N002 G90 G00 Z250.0 T11 M06；	//刀具交换
N003 G43 Z0 H11；	//初始位置，刀具长度偏置
N004 S30 M03；	//主轴起动正转
N005 G99 G81 X400.0 Y-350.0 Z-153.0 R-97.0 F120；	//定位，钻孔1
N006 Y-550.0；	//定位，钻孔2，并返回到 R 点位置
N007 G98 Y-750.0；	//定位，钻孔3，并返回到初始位置
N008 G99 X1200.0；	//定位，钻孔4，并返回到 R 点位置
N009 Y-550.0；	//定位，钻孔5，并返回到 R 点位置
N010 G98 Y-350.0；	//定位，钻孔6，并返回到初始位置
N011 G00 X0 Y0 M05；	//返回参考点，主轴停止
N012 G49 Z250.0 T15 M06；	//取消刀具长度偏置，换刀

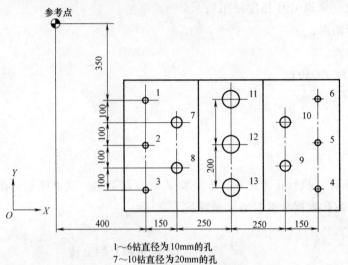

1～6钻直径为10mm的孔

7～10钻直径为20mm的孔

11～13钻直径为35mm的孔(深度50mm)

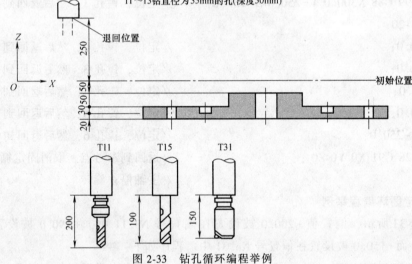

图 2-33　钻孔循环编程举例

N013 G43 Z0 H15;	//初始位置，刀具长度偏置
N014 S2000 M03;	//主轴起动正转
N015 G99 G82 X550. 0 Y-450. 0 Z-130. 0 R-97. 0 P300 F70;	//定位，钻孔 7，返回到 R 点位置
N016 G98 Y-650. 0;	//定位，钻孔 8，返回到初始位置
N017 G99 X1050. 0;	//定位，钻孔 9，返回到 R 点位置
N018 G98 Y-450. 0;	//定位，钻孔 10，返回到初始位置
N019 G00 X0 Y0 M05;	//返回参考点，主轴停止
N020 G49 Z250. 0 T31 M06;	//取消刀具长度偏置，换刀
N021 G43 Z0 H31;	//初始位置，刀具长度偏置
N022 S1000 M03;	//主轴起动
N023 G85 G99 X800. 0 Y-350. 0 Z-153. 0	//定位，镗孔 11，返回到 R 点位置

R47.0 F50；

N024 G91Y-200.0 K2；	//定位，镗孔 12、13，返回到 R 点位置
N025 G28 X0 Y0 M05；	//返回参考点，主轴停止
N026 G49 Z0；	//取消刀具长度偏置
N027 M30；	//程序停止

2.2 考核与评价

2.2.1 考核与评价方案设计

数控加工基本能力实训项目考核卡见表 2-5。

表 2-5 数控加工基本能力实训项目考核卡

姓名		实训时间	
班级		实训地点	
学号		指导教师	

序号	考核项目	具体要求、指标	分数	项目得分
1	出勤情况	1. 没有缺勤情况（缺勤一次扣 5 分） 2. 没有迟到早退情况（迟到或早退一次扣 2 分）	10	
2	安全教育	实习过程中能注意各种安全规范（有违规操作者每次扣 5 分）	10	
3	项目一	从教材中自选模具零件并进行编程及加工，要求及时完成零件的轮廓加工，自由公差，无瑕疵，根据难度酌情扣分，完成项目一者方可进入项目二	20	
4	项目二	由指导教师选定基本难度模具零件轮廓，限定 45min 编程时间，2h 轮廓加工时间，要求及时完成零件的轮廓加工，自由公差，无瑕疵，酌情扣分，完成项目二者方可进入项目三	25	
5	项目三	由指导教师选定中等难度模具零件，要求进行测绘，限定 90min 编程时间，2h 轮廓加工时间，要求及时完成零件的轮廓加工，自由公差，无瑕疵，酌情扣分	35	
成绩评定： <60 分为不及格、60~70 分为及格、70~80 分为中等、80~90 分为良好、90~100 分为优秀		教师签名： 　　年　　月　　日	合计 得分	
备注				

2.2.2 考核试题库

考核试题如图 2-34~图 2-39 所示。

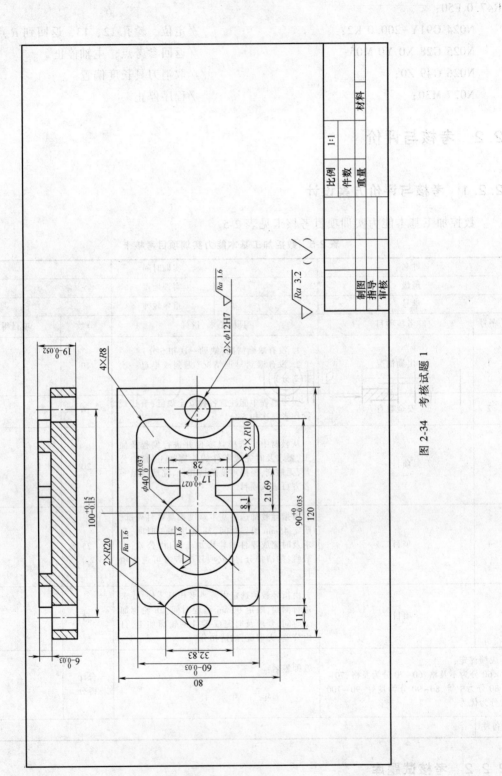

图 2-34　考核试题 1

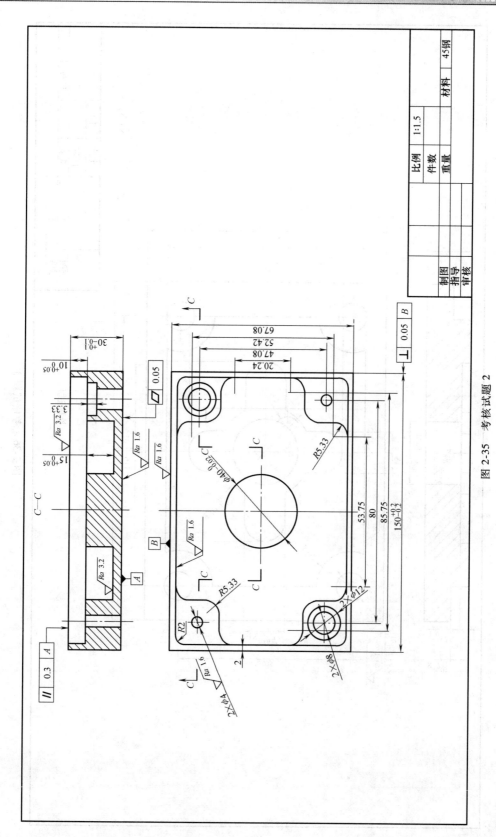

图 2-35 考核试题 2

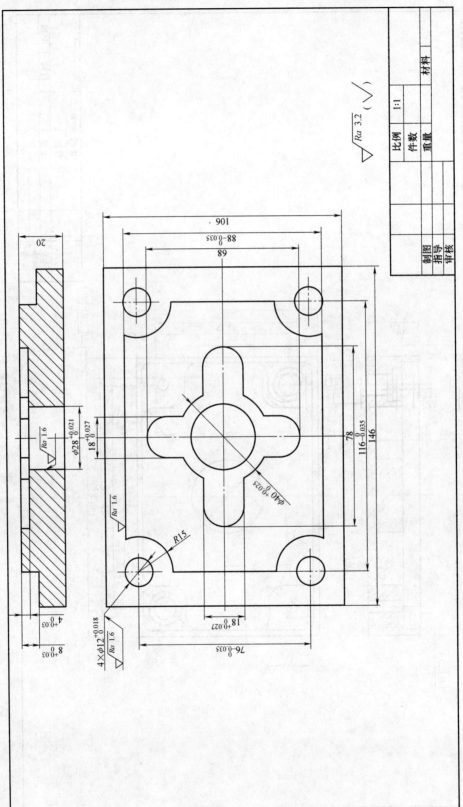

图 2-36 考核试题 3

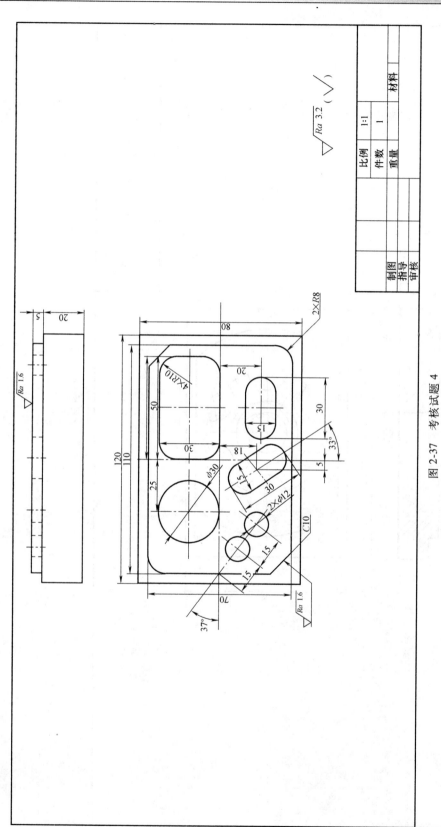

图 2-37 考核试题 4

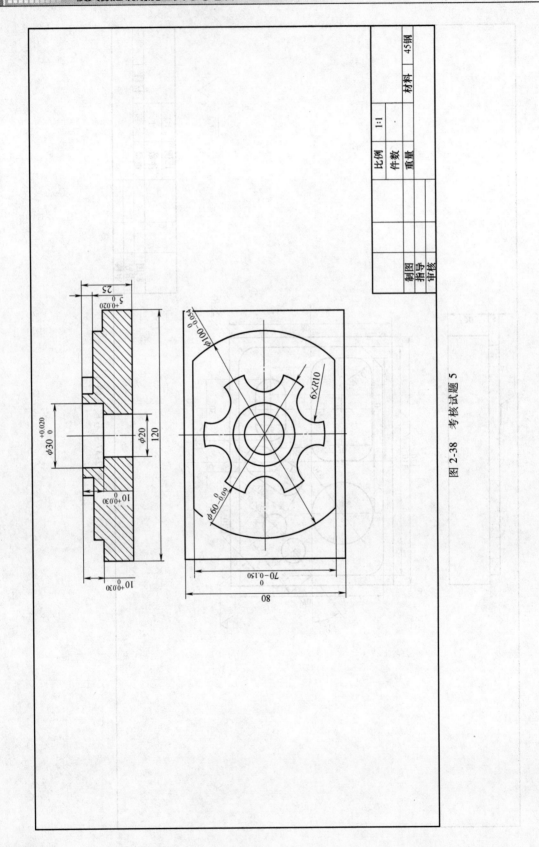

图 2-38　考核试题 5

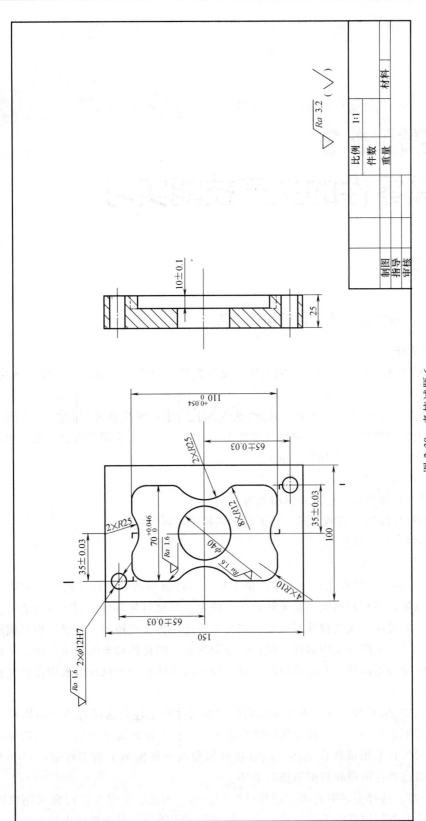

图 2-39 考核试题 6

学习领域 3
模具零件的生产技能实习

3.1 任务目标

3.1.1 能够合理地设计模具数控加工工艺

1. 毛坯的选择

（1）毛坯的种类　模具零件常用的毛坯主要有锻件、铸件、半成品、各种型材及板料、工程塑料等。

1）锻件。重要的模具成形零件，比如塑料模中的型腔镶块及冲压模中的凸模、凹模等。锻件分自由锻和模锻两类，一般模具零件由于单件生产，均采用自由锻，使毛坯准备工作简化，但自由锻比模锻所需加工余量大。

2）铸件。冲压模架中的上、下模座等。

3）半成品。各种垫板、标准塑料模架等。

4）各种型材及板料。模柄用圆棒料下料，垫板用板料下料等。

5）工程塑料。比如橡胶等。

（2）毛坯的选择原则

1）零件材料的工艺性及组织和力学性能要求。零件材料的工艺性是指材料的铸造和锻造等性能，所以零件的材料确定后其毛坯已大体确定。当材料具有良好的铸造性能时，应采用铸件作毛坯，如模座、大型拉深模零件，其材料常选用铸铁或铸钢。重要的模具成形零件或较大的钢制模具，一般均采用锻件。锻件的组织细密、碳化物和流线分布合理，从而可达到改善热处理性能和提高使用寿命的目的。对于较小的零件，一般可直接采用各种型材和棒料作毛坯。

2）零件的结构形状和尺寸。零件的结构形状和尺寸对毛坯的选择有重要的影响。对于各台阶直径相差不大的轴，可直接采用圆棒料作毛坯，使毛坯准备工作简化；当阶梯轴台阶直径相差较大时，宜采用锻件作毛坯，以节省材料和减小机械加工的工作量；对于大型零件，目前大多数选择自由锻和砂型铸造的毛坯。

3）生产类型。选择毛坯时应考虑零件的生产类型。大批、大量生产时宜采用精度高的毛坯，并采用生产率比较高的毛坯制造工艺，如模锻、压铸等。对于单件小批生产，可采用精度低的毛坯，如自由锻造和手工造型铸造的毛坯。

4）工厂生产条件。选择毛坯时应考虑毛坯制造车间的工艺水平和设备情况，同时应考虑采用先进工艺制造毛坯的可行性和经济性。注意提高毛坯的制造水平。

由于毛坯制造技术的限制，零件被加工表面的技术要求还不能从毛坯制造直接得到，所以毛坯上某些表面需要有一定的加工余量，通过机械加工达到零件的质量要求。毛坯尺寸与零件的设计尺寸之差称为毛坯余量或加工总余量，毛坯尺寸的制造公差称为毛坯公差。毛坯余量和公差的大小与毛坯制造方法有关，可查阅相关手册或资料确定。

2. 工艺路线的拟订

工艺线路是工艺规程设计的总体布局。其主要任务是选择零件表面的加工方法、确定加工顺序、划分加工阶段。根据工艺路线，可以选择各工序的工艺基准，确定工序尺寸、设备、工装、切削用量和时间定额等。在拟订工艺路线时应从工厂的实际情况出发，充分考虑应用各种新工艺、新技术的可行性和经济性。多提几个方案，进行分析比较，以便确定一个符合工厂实际情况的最佳工艺线路。

（1）表面加工方法的选择 为了正确选择表面的加工方法，首先应了解加工经济精度和经济表面粗糙度的概念。

1）加工经济精度。加工经济精度是指在正常的加工条件下（采用符合质量标准的设备、工艺装备和标准技术等级工人，不延长加工时间）所能保证的加工精度。

经济表面粗糙度的概念类同于经济精度的概念。

2）选择零件表面加工方法的依据。主要根据以下几个方面选择零件表面加工方法：

① 零件材料的性质及热处理要求。淬火钢件的精加工采用磨削加工和特种加工。有色金属一般采用精细车、精细铣或金刚镗进行加工。因磨削有色金属时切屑易堵塞砂轮，所以应避免采用磨削加工。

② 零件加工表面的尺寸公差等级和表面粗糙度。材料为淬火钢，尺寸公差等级为 IT7，表面粗糙度 Ra 值为 $0.2\mu m$ 的外圆柱面，最终加工。方法应选用磨削，其加工方案为粗车—半精车—粗磨—精磨。

③ 零件加工表面的位置精度要求。孔系加工中，为保证孔间距位置尺寸及位置精度要求，其最终加工方法适宜选用镗削或磨削，而不应采用铰削。

④ 零件的形状和尺寸。对于公差等级为 IT7 的孔，采用镗、铰、拉和磨削都可以。但是箱体上的孔一般不宜采用拉或磨，通常选择镗、铰。在孔的加工中，孔径大时选用镗或磨，如果选用铰孔，因铰刀直径过大，制造、使用都不方便；孔径小时选用铰削较为适当，因小孔镗削或磨削加工时，刀杆直径过小、刚性差，不易保证孔的加工精度。

⑤ 生产类型。选择的加工方法要与生产类型相适应，考虑生产率和经济性。例如：对于平面和孔的加工，在批量较大时可以采用拉削；而单件小批生产时则采用刨、铣、磨平面和钻、扩、镗、铰孔。

⑥ 具体生产条件。应充分利用本企业现有设备和工艺手段，挖掘企业潜力，尽可能地降低生产成本。

常见的加工方法所能达到的加工经济精度及经济表面粗糙度见表 3-1、表 3-2。

表 3-1　孔加工方法

序号	加工方法	经济精度 （以公差等级表示）	经济表面粗糙度 Ra 值/μm	适用范围
1	钻	IT11～IT12	12.5	加工未淬火钢及铸铁，也可用于加工有色金属
2	钻—铰	IT9	1.6～3.2	
3	钻—铰—精铰	IT7～IT8	0.8～1.6	
4	钻—扩	IT10～IT11	6.3～12.5	同上，孔径可大于 20mm
5	钻—扩—铰	IT8～IT9	1.6～3.2	
6	钻—扩—粗铰—精铰	IT7	0.8～1.6	
7	钻—扩—机铰—手铰	IT6～IT7	0.1～0.4	
8	钻—扩—拉	IT7～IT9	0.1～1.6	大批量生产（精度由拉刀的精度决定）
9	粗镗（或扩孔）	IT11～IT12	6.3～12.5	除淬火钢以外的各种材料，毛坯有铸孔或锻孔
10	粗镗（粗扩）—半精镗（精扩）	IT8～IT9	1.6～3.2	
11	粗镗（扩）—半精镗（精扩）—精镗（铰）	IT7～IT8	0.8～1.6	
12	粗镗（扩）—半精镗（精扩）—精镗—浮动镗刀精镗	IT6～IT7	0.4～0.8	
13	粗镗—半精镗—磨孔	IT7～IT8	0.2～0.8	主要用于淬火钢，也可用于未淬火钢，但不宜用于有色金属
14	粗镗（扩）—半精镗—精镗—金刚镗	IT6～IT7	0.1～0.2	
15	粗镗—半精镗—精镗—金刚镗	IT6～IT7	0.05～0.4	
16	钻—（扩）—粗铰—精铰—珩磨 钻—（扩）—拉—珩磨 粗镗—半精镗—精镗—珩磨	IT6～IT7	0.025～0.2	主要用于精度要求高的有色金属工件，以及精度要求很高的孔
17	以研磨代替上述方案中的珩磨	IT6 以下	0.025～0.2	

表 3-2　平面加工方法

序号	加工方法	经济精度 （以公差等级表示）	经济表面粗糙度 Ra 值/μm	适用范围
1	粗车—半精车	IT9	3.2～6.3	主要用于端面加工
2	粗车—半精车—精车	IT7～IT8	0.8～1.6	
3	粗车—半精车—磨削	IT8～IT9	0.2～0.8	
4	粗刨（或粗铣）—精刨（或精铣）	IT9	1.6～6.3	用于一般不淬硬表面
5	粗刨（或粗铣）—精刨（或精铣）—刮研	IT6～IT7	0.1～0.8	精度要求较高的不淬硬平面，批量较大时宜采用宽刃精刨
6	以宽刃精刨代替上述刮研	IT7	0.2～0.8	

（续）

序号	加工方法	经济精度 （以公差等级表示）	经济表面粗糙 度 Ra 值/μm	适用范围
7	粗刨（或粗铣）—精刨（或精铣）—磨削	IT7	0.2~0.8	精度要求高的淬硬表面或未淬硬表面
8	粗刨（或粗铣）—精刨（或精铣）—粗磨—精磨	IT6~IT7	0.02~0.4	
9	粗铣—拉削	IT6 以上	<0.1	进行大量生产的较小平面（精度由拉刀精度而定）
10	粗铣—精铣—磨削—研磨	IT5	<0.05	高精度的平面

（2）加工顺序的安排　复杂的零件机械加工工艺路线中要经过切削加工、热处理和辅助工序，现将其安排的顺序分别阐述如下。

1）机械加工工序的安排原则。概括为16字诀：基准先行，先主后次，先粗后精，先面后孔。在零件切削加工工艺过程中，首先要安排加工基准面的工序。作为精基准表面，一般都安排在第一道工序进行加工，以便后续工序利用该基准定位加工其他表面。其次安排加工主要表面。至于次要表面则可在主要表面加工后穿插进行加工。当零件需要分阶段进行加工时，即先进行粗加工，再进行半精加工，最后进行精加工和光整加工。总之表面粗糙度值最低的表面和最终加工工序必须安排在最后加工，尽量避免磕碰高光洁的表面。所有机械零件的切削加工总是先加工平面（端面），然后再加工内孔。

2）热处理工序的安排。

① 预备热处理。预备热处理的目的是改善加工性能，为最终热处理做好准备和消除残余应力，如正火、退火和时效处理等。它安排在粗加工前、后和需要消除应力时。调质处理能得到组织均匀细致的回火索氏体，有时也作为预备热处理，常安排在粗加工后。对于马氏体型不锈钢（如20Cr13），为降低韧性、改善断屑性能，常先调质后再进行切削加工。

② 最终热处理。最终热处理的目的是提高力学性能，如调质、淬火、渗碳淬火、渗氮等。调质、淬火、渗碳淬火安排在半精加工之后、精加工之前进行，以便在精加工磨削时纠正热处理变形。渗氮处理温度低、变形小，且渗氮层较薄，渗氮工序应尽量安排靠后，如粗磨之后，精磨、研磨之前。对于模具工作零件，最好经过试模确认完全合格后再进行渗氮处理。

3）辅助工序的安排。辅助工序主要包括检验、去毛刺、清洗、涂防锈油等。

① 检验工序是主要的辅助工序。一般每道工序需"三检"，即生产者自检、班组长或工段长互检、专职检验员检验。重要零件粗加工或半精加工之后，重要工序加工之后，零件送外车间（如热处理、表面处理）加工之前，零件全部加工结束之后也需检验。

② 去毛刺也是不可缺少的工序。在成批生产中，对于车削回转表面的毛刺均由车工去除；对于车削非回转表面或刨、铣、磨、钻等表面的毛刺均由钳工去除。在单件生产中，刨、铣、磨、钻等表面的毛刺可由相应工种的操作者去除。

4）几种典型工艺路线的安排。尽管零件结构、技术要求、材料等各异，但工艺路线的确定具有一定规律性，即以主要表面加工为主线，次要表面的加工穿插在各阶段中进行。现列举常用的几种典型的工艺路线（除光整加工外）。

① 调质钢件。正火或退火—加工精基准—粗加工主要表面—调质—半精加工主要表面—局部表面淬火及低温回火—精加工主要表面—去应力回火—检验。

② 渗碳钢件。正火—加工精基准—粗、半精加工主要表面—渗碳—淬火、低温回火—精加工主要表面—去应力回火—检验。

③ 高碳钢、工具钢件。正火—球化退火—加工精基准—粗、半精加工主要表面—淬火（+冷处理）、低温回火—人工时效—精加工主要表面—人工时效—检验。

④ 灰口铸铁件。时效—加工精基准—粗、半精加工主要表面—时效—精加工主要表面—检验。

⑤ 渗氮钢件。退火或正火—加工精基准—粗加工—调质—半精加工—稳定化处理—精加工—装配—试冲模—渗氮—光整加工（如研磨、抛光）—检验。

5）划分加工阶段的依据。主要根据零件加工表面的尺寸公差等级、表面粗糙度、热处理要求等。显然，不同的热处理要求是划分加工阶段的重要标志。加工表面尺寸公差等级越高，则加工阶段划分得越明显。加工表面粗糙度值越低，越要经过由粗加工到精加工的过程。不同的加工阶段达到的表面粗糙度值是不同的。同样从工件加工表面标注的表面粗糙度 Ra 值要求就可以确定该零件的加工过程，应该并需要划分为哪几个加工阶段。需要指出的是，划分加工阶段是对整个工艺过程而言的，应以主要加工面为主线来分析，不应以个别表面（或次要表面）和个别工序来判断。有的零件加工阶段并不明显，但对于同一表面仍有粗、半精、精加工工步之分。

（3）工序的划分与组合　根据所选定的表面加工方法和各加工阶段中表面的加工要求，可以将同一阶段中各表面的加工组合成不同的工序。在划分工序时可以采用工序集中或分散的原则。将工件的加工集中在少数几道工序内完成，每道工序的加工内容较多，称为工序集中。将工件的加工分散在较多的工序内进行，每道工序的加工内容很少，称为工序分散。

工序集中具有以下特点：

1）工件在一次装夹后，可以加工多个表面，能较好地保证加工表面之间的相互位置精度；可以减少装夹工件的次数和辅助时间；减少工件在机床之间的搬运次数，有利于缩短生产周期。

2）可减少机床数量、操作工人，节省车间生产面积，简化生产计划和生产组织工作。

3）采用的设备和工装结构复杂、投资大，调整和维修的难度大，对工人的技术水平要求高。

工序分散具有以下特点：

1）机床设备及工装比较简单；调整方便，操作工人易于掌握。

2）可以采用最合理的切削用量以缩短机动时间。

3）设备数量多，操作工人多，生产面积大。

在一般情况下，单件小批生产采用工序集中，对于大批、大量生产，则工序集中和分散两者兼有。需根据具体情况，通过技术经济分析来决定。

3. 加工余量及工序尺寸的确定

零件加工工艺路线确定后，在进一步安排各个工序的具体内容时，应正确地确定各工序的工序尺寸，为确定工序尺寸，首先应确定加工余量。

（1）加工余量的概念 由于毛坯不能达到零件所要求的精度和表面粗糙度，因此要留有加工余量，以便经过机械加工达到这些要求。加工余量是指加工过程中从加工表面切除的金属层厚度。加工余量分为工序余量和总余量。

1）工序余量。工序余量是指某一表面在一道工序中切除的金属层厚度。

① 工序余量的计算。工序余量等于相邻两工序的工序尺寸之差。

对于外表面（图3-1a）：
$$Z = a - b$$

对于内表面（图3-1b）：
$$Z = b - a$$

式中 Z——本工序的工序余量；

　　　a——前工序的工序尺寸；

　　　b——本工序的工序尺寸。

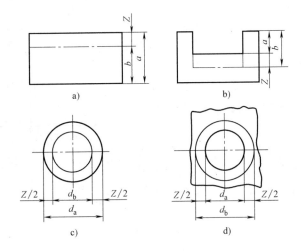

图3-1 加工余量

上述加工余量均为非对称的单边余量，旋转表面的加工余量为双边对称余量。

对于轴（图3-1c）：
$$Z = d_a - d_b$$

对于孔（图3-1d）：
$$Z = d_b - d_a$$

式中 Z——直径上的加工余量；

　　　d_a——前工序的加工直径；

　　　d_b——本工序的加工直径。

当加工某个表面的工序分为几个工步时，相邻两个工步尺寸之差就是工步余量。它是某工步在加工表面上切除的金属层厚度。

② 工序公称余量、最大余量、最小余量及余量公差。由于毛坯制造和各个工序尺寸都存在着误差，加工余量也是个变动值。当工序尺寸用公称尺寸计算时，所得到的加工余量称为公称余量。

最小余量 Z_{min} 是保证该工序加工表面的精度和质量所需切除的金属层最小厚度。最大余量 Z_{max} 是该工序余量的最大值。

当尺寸 a、b 均为工序公称尺寸时，公称余量为
$$Z = a - b$$

则最小余量：
$$Z_{\min} = a_{\min} - b_{\max}$$
而最大余量：
$$Z_{\max} = a_{\max} - b_{\min}$$

图 3-2 表示了工序尺寸公差与加工余量之间的关系。余量公差是加工余量的变动范围，其值为

$$T_Z = Z_{\max} - Z_{\min} = (a_{\max} - a_{\min}) + (b_{\max} - b_{\min}) = T_a + T_b$$

式中　T_Z——本工序余量公差；

　　　T_a——前工序的工序尺寸公差；

　　　T_b——本工序的工序尺寸公差。

所以，余量公差为前工序与本工序尺寸公差之和。

工序尺寸公差带的分布，一般采用"单向入体原则"。即对于被包面（轴类），公称尺寸取公差带上限，下极限偏差取负值，工序公称尺寸即为最大尺寸；对于包容面（孔类），公称尺寸为公差带下限，上极限偏差取正值，工序尺寸即为最小尺寸；但孔中心距及毛坯尺寸公差采用双向对称布置。

2）加工总余量。毛坯尺寸与零件图样的设计尺寸之差称为加工总余量。它是从毛坯到成品时从某一表面切除的金属层总厚度，也等于该表面各工序余量之和，即

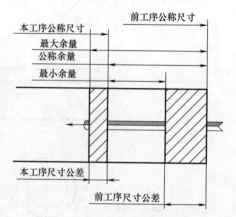

图 3-2　工序尺寸公差与加工余量

$$Z_总 = \sum_{i=1}^{n} Z_i$$

式中　Z_i——第 i 道工序的工序余量；

　　　n——该表面总加工的工序数。

加工总余量也是个变动值，其值及公差一般可从有关手册中查得或凭经验确定。图 3-3 表示了内孔和外圆表面经多次加工时，加工总余量、工序余量与加工尺寸的分布。

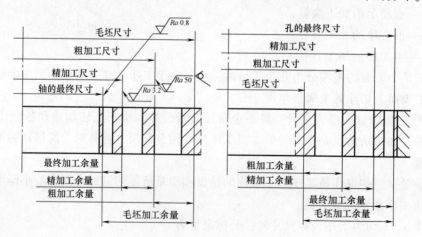

图 3-3　加工余量和加工尺寸分布

（2）影响加工余量的因素 影响加工余量的因素如下：

1）前工序的表面质量（包括表面粗糙度和表面破坏层深度）。

2）前工序的工序尺寸公差。

3）前工序的位置误差，如工件表面在空间的弯曲、偏斜以及空间误差等。

4）本工序的安装误差。

（3）确定加工余量的方法 加工余量的大小，直接影响零件的加工质量和生产率。加工余量过大，不仅增加机械加工劳动量，降低生产率，而且增加材料、工具和电力的消耗，增加成本。但若加工余量过小，则不能消除前工序的各种误差和表面缺陷，有可能产生废品。因此，必须合理地确定加工余量。确定加工余量的方法有：

1）经验估算法。即根据工艺人员的经验来确定加工余量。为避免产生废品，所确定的加工余量一般偏大。适用于单件小批生产。

2）查表修正法。即根据有关手册，查得加工余量的数值，然后根据实际情况进行适当修正。这是一种广泛使用的方法。

3）分析计算法。先对影响加工余量的各种因素进行分析，然后根据一定的计算公式计算加工余量。此方法确定的加工余量较合理，但需要全面的试验资料，计算也较复杂，故很少应用。

（4）工序尺寸及其公差的确定 生产上绝大部分加工表面都是在基准重合（工艺基准和设计基准重合）的情况下进行加工的，所以掌握基准重合情况下工序尺寸及其公差的确定过程非常重要。其确定过程如下：

1）方法：往前推算法。

2）顺序：先确定各工序余量的基本尺寸，再由后往前逐个工序推算，即由零件的设计尺寸开始，由最后一道工序向前工序推算，直到毛坯尺寸。

3）公差等级：中间各工序尺寸公差等级都按经济精度确定，即在 IT8 及 IT8 以下。

4）极限偏差：按"入体原则"确定，即轴采用基本偏差"h"，孔采用基本偏差"H"，长度按±IT/2。毛坯尺寸公差及偏差按相应的标准规定。

4. 刀库与自动换刀装置

自动换刀数控机床多采用刀库式自动换刀装置。带刀库的自动换刀系统由刀库和刀具交换机构组成，它是多工序数控机床上应用最广泛的换刀方法。

换刀过程较为复杂，首先把加工过程中需要使用的全部刀具分别安装在标准的刀柄上，在机外进行尺寸预调整之后，按一定的方式放入刀库；换刀时先在刀库中进行选刀，并由刀具交换装置从刀库和主轴上取出刀具。在进行刀具交换之后，将新刀具装入主轴，把旧刀具放回刀库。存放刀具的刀库具有较大的容量，它既可安装在主轴箱的侧面或上方，也可作为单独部件安装在机床以外。

（1）刀库的种类 刀库用于存放刀具，是自动换刀装置中的主要部件之一。根据刀库存放刀具的数目和取刀方式，刀库可设计成不同类型。图 3-4 所示为常见的几种刀库形式。

1）直线刀库。如图 3-4a 所示，刀具在刀库中直线排列、结构简单，存放刀具数量有限（一般为 8～12 把），较少使用。

2）圆盘刀库。如图 3-4b～g 所示，存刀量少则 6～8 把，多则 50～60 把，有多种形式。图 3-4b 所示刀库，刀具沿径向布置，占有较大空间，一般置于机床立柱上端。图 3-4c 所示刀库，刀具沿轴向布置，常置于主轴侧面，刀库可沿中心线垂直放置，也可以水平放置，使用较多。图 3-4d 所示刀库，刀具为伞状布置，多斜放于立柱上端。为进一步扩充存刀量，有的机床使用多圈分布刀具的圆盘刀库（图 3-4e）、多层圆盘刀库（图 3-4f）和多排圆盘刀库（图 3-4g）。多排圆盘刀库每排 4 把刀，可整排更换。后三种刀库形式使用较少。

3）链式刀库。链式刀库是较常使用的形式，常用的有单排链式刀库（图 3-4h）和加长链条的链式刀库（图 3-4i）。

4）其他刀库。如格子箱式刀库，这种刀库容量较大，图 3-4j 所示为单面式，图 3-4k 所示为多面式。

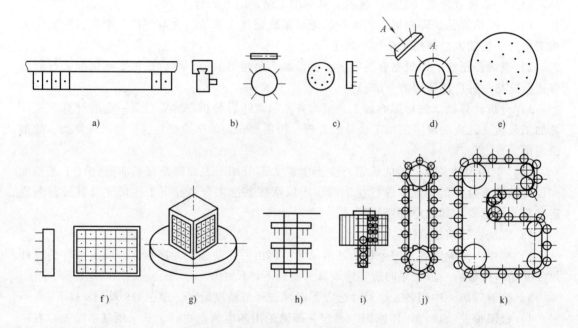

图 3-4　常见的几种刀库形式

a）直线刀库　b）~g）圆盘刀库　h）、i）链式刀库　j）、k）箱式刀库

（2）换刀方式　数控机床的自动换刀装置中，实现刀库与机床主轴之间传递和装卸刀具的装置称为刀具交换装置。

1）无机械手换刀。必须先将用过的刀具送回刀库，然后从刀库中取出新刀具，这两个动作不可能同时进行，因此换刀时间长。

2）机械手换刀。采用机械手进行刀具交换的方式，如图 3-5 所示，其应用最为广泛，这是因为机械手换刀有很大的灵活性，而且可以减少换刀时间。

（3）刀具装入刀库的方法及操作　当加工所需要的刀具比较多时，要将全部刀具在加工之前根据工艺设计放置到刀库中，并给每一把刀具设定刀具号码，然后由程序调用。具体步骤如下：

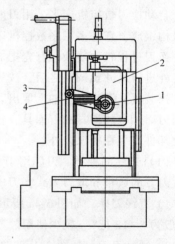

图 3-5　机械手换刀

1—主轴　2—主轴箱　3—刀库　4—机械手

1）将要用的刀具在刀柄上装夹好，并调整到准确尺寸。

2）根据工艺和程序的设计将刀具和刀具号一一对应。

3）主轴回 Z 轴零点。

4）手动输入并执行" T01 M06 "。

5）手动将 1 号刀具装入主轴，此时主轴上的刀具即为 1 号刀具。

6）手动输入并执行" T02 M06 "。

7）手动将 2 号刀具装入主轴，此时主轴上的刀具即为 2 号刀具。

8）将其他刀具按照以上步骤依次放入刀库。

（4）注意事项　将刀具装入刀库中时应注意以下问题：

1）装入刀库的刀具必须与程序中的刀具号一一对应，否则会损伤机床和加工零件。

2）只有主轴回到机床零点，才能将主轴上的刀具装入刀库，或者将刀库中的刀具装在主轴上。

3）交换刀具时，主轴上的刀具不能与刀库中的刀具号重号。比如主轴上已是 1 号刀具，则不能再从刀库中调用 1 号刀具。

5. 切削液的选择

（1）切削液的作用　合理选用切削液，可以改善磨削过程中的摩擦情况，降低磨削热，提高已加工面的质量。切削液的主要作用为：冷却、润滑、清洗、防锈。

1）冷却作用。切削液一方面可减小磨屑、砂轮、工件间的摩擦，减少切削热的产生，另一方面带走绝大部分磨削热，使磨削温度降低。冷却性能的好坏，取决于切削液的热导率、比热容、流量等，其值越大，切削液的冷却性能就越好。

2）润滑作用。切削液能渗透到磨粒与工件的接触表面之间，黏附在金属表面上形成润滑膜，以减小摩擦，从而提高砂轮的寿命，降低工件表面粗糙度值。切削液的润滑能力取决于切削液的渗透性、成膜能力。由于接触表面压力较大，须在切削液中加一些油性添加剂或硫、氯、磷等极压添加剂，以形成物理吸附膜或化学吸附膜来提高润滑效果。

3）清洗作用。切削液可将黏附在机床、工件、砂轮上的磨屑和磨粒冲洗掉，防止划伤已加工表面，减少砂轮的磨损。切削液清洗性能的好坏，取决于切削液的碱性、流动性和使用压力。

4）防锈作用。切削液能保护机床、工件、砂轮不受周围介质（空气、水分等）的影响而腐蚀。防锈作用的强弱，取决于切削液本身的成分和添加剂的作用。例如：油比水溶液的防锈能力强；加入防锈添加剂，可提高防锈能力。

（2）切削液的种类　磨削时使用的切削液可分为水溶液、乳化液和油类三大类。

1）水溶液。水溶液的主要成分是水，其冷却性能较好，但易使机床和工件锈蚀，使用时须加入防锈剂。

2）乳化液。乳化液是乳化油和水的混合体。乳化油由矿物油和乳化剂配制而成。乳化剂的分子有两个头，一端向水，一端向油，把油和水连接起来，形成以水包油的乳化液。乳化液具有良好的冷却作用，若再加入一定比例的油性剂和防锈剂，则可成为既能润滑又可防锈的乳化液。使用时，取质量分数为 2 % ~ 5 % 的乳化油和水配制即可。天冷时，可用少量温水将乳化油溶化，然后加入冷水调匀。乳化液调配的含量应视工件的材料而定。例如：磨削铝制工件时，含量不宜过高，否则会引起表面腐蚀；磨削不锈钢工件时，采用较高含量效果较好。一般来说，精磨时乳化油含量应比粗磨时高一些。

3）油类。油类切削液的主要成分是矿物油。矿物油的油性差，不能形成牢固的吸附膜，润滑能力差，在磨削时须加入极压添加剂，即成为极压机械油。它常用于螺纹磨削和齿轮磨削。极压机械油配方见表 3-3。

表 3-3　极压机械油配方

成　　分	百 分 比	成　　分	百 分 比
石油磺酸钡（防锈剂）	2%	L-AN15 全损耗系统用油	72%
氯化石蜡（极压剂）	10%	L-AN32 全损耗系统用油	
环烷酸铝（极压剂）	6%	L-AN5 全损耗系统用油	10%

除上述三类切削液外，还有一种新型的称为合成液的切削液，它是由添加剂、防锈剂、低泡油性剂和清洗防锈剂配制而成的。采用合成液加工，工件表面粗糙度值可达 $Ra0.025\mu m$，砂轮寿命可提高 1.5 倍，使用期限超过一个月。

3.1.2　具备模具零部件综合编程加工的能力

1. 任意角度倒角/拐角圆弧过渡

倒角和拐角圆弧过渡程序段可以自动地插入下列程序段之间：

1）直线插补和直线插补程序段。

2）直线插补和圆弧插补程序段。

3）圆弧插补和直线插补程序段。

4）圆弧插补和圆弧插补程序段。

指令格式：

，C_　　　 //倒角

，R_　　　 //拐角圆弧过渡

说明：

指令加在直线插补（G01）或圆弧插补（G02 或 G03）程序段的末尾时，加工时自动在拐角处加上倒角或过渡圆弧。倒角和拐角圆弧过渡的程序段可连续地指定。

1）倒角。在"C"之后，指定从虚拟拐点到拐角起点和终点的距离。虚拟拐点是假定不执行倒角时，实际存在的拐角点，如图 3-6 所示。

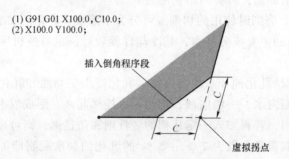

(1) G91 G01 X100.0，C10.0;
(2) X100.0 Y100.0;

插入倒角程序段

虚拟拐点

图 3-6　倒角

2）拐角圆弧过渡。在"R"之后，指定拐角圆弧的半径，如图3-7所示。

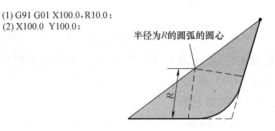

图3-7　拐角圆弧过渡

现以图3-8所示零件为例，说明拐角圆弧的应用。

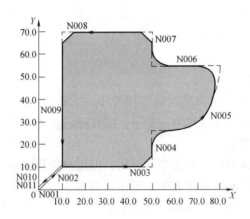

图3-8　拐角圆弧示例

N001 G92 G90 X0 Y0；

N002 G00 X10.0 Y10.0；

N003 G01 X50.0 F10.0,C5.0；

N004 Y25.0,R8.0；

N005 G03 X80.0 Y50.0 R30.0,R8.0；

N006 G01 X50.0,R8.0；

N007 Y70.0,C5.0；

N008 X10.0,C5.0；

N009 Y10.0；

N010 G00 X0 Y0；

N011 M30；

注意事项：

1）平面选择。倒角和拐角圆弧过渡只能在（G17、G18或G19）指定的平面内执行。平行轴不能执行这些功能。

2）下一个程序段。指定倒角或拐角圆弧过渡的程序段必须跟随一个用直线插补（G01）或圆弧插补（G02 或 G03）指令的程序段。如果下一个程序段不包含这些指令，则出现 P/S 报警。

3）平面切换。只能在同一平面内执行的移动指令才能插入倒角或拐角圆弧过渡程序段。在平面切换之后（G17、G18 或 G19 被指定）的程序段中，不能指定倒角或拐角圆弧过渡。

4）坐标系。在坐标系变动（G92 或 G52～G59）或执行返回参考点（G28～G30）之后的程序段中，不能指定倒角或拐角圆弧过渡。

5）移动距离 0。当执行两个直线插补程序段时，如果两个直线之间的角度是 1° 以内，那么，倒角或拐角圆弧过渡程序段被当作一个移动距离为 0 的移动。当执行直线插补和圆弧插补程序段时，如果直线和在交点处的圆弧的切线之间的夹角在 1° 以内，那么拐角圆弧过渡程序段被当作移动距离为 0 的移动。当执行两个圆弧插补程序段时，如果在交点处的圆弧切线之间的角度在 1° 以内，那么拐角圆弧过渡程序段被当作移动距离为 0 的移动。

6）不可用的 G 代码。00 组 G 代码（除 G04 以外）和 16 组的 G68 代码不能用在指定倒角和拐角圆弧过渡程序段中。它们也不能用在决定一个连续图形的倒角和拐角圆弧过渡的程序段之间。

2. 宏程序的基本概念

（1）宏程序的概念　即由用户编写的专用程序，它类似于子程序，可用规定的指令作为代号，以便调用。宏程序的代号称为宏指令。宏程序可使用变量执行相应的操作，实际变量值可由宏程序指令赋给变量。

虽然子程序对编制相同的加工程序非常有用，但用户宏程序由于允许使用变量、算术和逻辑运算及条件转移，使得编制同样的加工程序更简便，如型腔加工宏程序和用户开发固定循环。使用时，加工程序可用一条简单指令调出用户宏程序，和调用子程序完全一样，如图 3-9 所示。

如何使加工中心这种高效自动化机床更好地发挥效益，其关键之一，就是开发和提高数控系统的使用性能。宏程序的应用，是提高数控系统使用性能的有效途径。

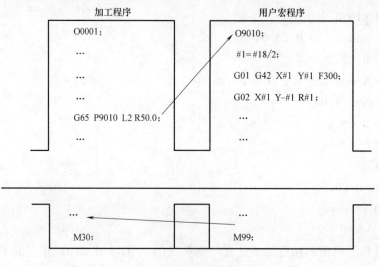

图 3-9　宏程序使用

（2）变量的概念 使用宏程序时，数值可以直接指定或用变量指定。当用变量指定时，变量值可用程序或用 MDI 面板操作改变。

$$\#1=\#2+100;$$

$$G01\ X\#1\ F300;$$

说明：

1）变量的表示。一般编程允许对变量命名，但用户宏程序不行。变量用变量符号（#）和后面的变量号指定。例如：#1，表达式可以用于指定变量号。此时，表达式必须封闭在括号中，如# ［#1+#2-12］。

2）变量的类型。变量根据变量号可以分成四种类型，见表3-4。

表3-4 变量的类型

变量号	变量类型功能	变 量 号
#0	空变量	该变量总是空，没有值能赋给该变量
#1～#33	局部变量	局部变量只能用在宏程序中存储数据，如运算结果。当断电时，局部变量被初始化为空。调用宏程序时，自变量对局部变量赋值
#100～#199 #500～#999	公共变量	公共变量在不同的宏程序中的意义相同。当断电时，变量#100～#199 初始化为空。变量#500～#999 的数据保存，即使断电也不丢失
#1000～#9999	系统变量	系统变量用于读和写 CNC 的各种数据，如刀具的当前位置和补偿值

（3）算术和逻辑运算的概念 表 3-5 中列出的运算可以在变量中执行。运算符右边的表达式可包含常量和由函数或运算符组成的变量。表达式中的变量#j 和#k 可以用常数替换，左边的变量也可以用表达式赋值。

表3-5 算术和逻辑运算

功能	格式	备注
定义	$\#i=\#j$	
加法	$\#i=\#j+\#k$	
减法	$\#i=\#j-\#k$	
乘法	$\#i=\#j*\#k$	
除法	$\#i=\#j/\#k$	
正弦	$\#i=SIN[\#j]$	
反正弦	$\#i=ASIN[\#j]$	
余弦	$\#i=COS[\#j]$	角度以度指定，90°30′表示为90.5°。
反余弦	$\#i=ACOS[\#j]$	
正切	$\#i=TAN[\#j]$	
反正切	$\#i=ATAN[\#j]/[\#k]$	

（续）

功能	格式	备注
平方根	#i = SQRT［#j］	
绝对值	#i = ABS［#j］	
舍入	#i = ROUND［#j］	
上取整	#i = FIX［#j］	
下取整	#i = FUP［#j］	
自然对数	#i = LN［#j］	
指数函数	#i = EXP［#j］	
或	#i = #jOR#k	
异或	#i = #jXOR#k	逻辑运算一位一位地按二进制数执行
与	#i = #jAND#k	
从 BCD 转为 BIN	#i = BIN［#j］	
从 BIN 转为 BCD	#i = BCD［#j］	

3. 宏程序基本指令

（1）宏程序的简单调用格式　宏程序的简单调用是指在主程序中，宏程序可以被单个程序段单次调用。

调用格式：

G65 P（宏程序号）L（重复次数）（变量分配）；

其中：G65——宏程序调用指令；

P（宏程序号）——被调用的宏程序代号；

L（重复次数）——宏程序重复运行的次数，重复次数为 1 时，可省略不写；

（变量分配）——为宏程序中使用的变量赋值。

宏程序与子程序相同的一点是，一个宏程序可被另一个宏程序调用，最多可调用四重。

（2）宏程序的编写格式　宏程序的编写格式与子程序相同。其格式为：

O ××××（0001~8999）宏程序号

⋮　　　　指令

M99　宏程序结束

在宏程序中，除通常使用的编程指令外，还可使用变量、算术运算指令及其他控制指令。变量值在宏程序调用指令中赋给。

4. 宏程序控制指令

（1）条件转移

程序格式：

IF［条件表达式］GOTO n

以上程序段的含义为：

1）如果条件表达式的条件得以满足，则转而执行程序中程序号为 n 的相应操作，程序号 n 可以由变量或表达式替代。

2）如果表达式中的条件未满足，则按顺序执行下一段程序。

3）如果程序做无条件转移，则条件部分可以被省略。

4）表达式可按如下方式书写：

#j EQ	#k	表示 =
#j NE	#k	表示 ≠
#j GT	#k	表示 >
#j LT	#k	表示 <
#j GE	#k	表示 ≥
#j LE	#k	表示 ≤

（2）重复执行

程序格式：

$$\text{WHILE [条件表达式] DO } m\ (m=1, 2, 3\cdots)$$

$$\vdots$$

$$\text{END } m$$

上述程序段的含义为：

1）条件表达式满足时，程序段 DO m 至 END m 即重复执行。

2）条件表达式不满足时，程序转到 END m 后处执行。

3）如果"WHILE [条件表达式]"部分被省略，则程序段 DO m 至 END m 之间的部分将一直重复执行。

注意：

1）"WHILE DO m"和"END m"必须成对使用。

2）DO 语句允许有三层嵌套，即：

DO 1

DO 2

DO 3

END 3

END 2

END 1

3）DO 语句范围不允许交叉，即如下语句是错误的：

DO 1

DO 2

END 1

END 2

5. 宏程序应用举例

图 3-10 所示为圆环点阵孔群中各孔的加工。

宏程序中将用到下列变量：

#1——第一个孔的起始角度，在主程序中用对应的文字变量 A 赋值；

#3——孔加工固定循环中 R 平面值，在主程序中用对应的文字变量 C 赋值；

#9——孔加工的进给量，在主程序中用对应的文字变量 F 赋值；

#11——要加工孔的数量，在主程序中用对应的文字变量 H 赋值；

#18——圆环点阵孔群中的圆环半径值，在主程序中用对应的文字变量 R 赋值；

#26——孔深坐标值，在主程序中用对应的文字变量 Z 赋值；

#30——基准点（即圆环中心）的 X 坐标值；

#31——基准点（即圆环中心）的 Y 坐标值；

#32——当前加工孔的序号 i；

#33——当前加工第 i 孔的角度；

#100——已加工孔的数量；

#101——当前加工孔的 X 坐标值，初值设置为圆环中心的 X 坐标值；

#102——当前加工孔的 Y 坐标值，初值设置为圆环中心的 Y 坐标值。

用户宏程序编写如下：

图 3-10　圆环点阵孔群中各孔的加工

```
O8000
N8010 #30＝#101                              //基准点保存
N8020 #31＝#102                              //基准点保存
N8030 #32＝1                                 //计数值置 1
N8040 WHILE［#32 LE ABS［#11］］DO1            //进入孔加工循环体
N8050 #33＝#1+360×［#32−1］/#11               //计算第 i 孔的角度
N8060 #101＝#30+#18×COS［#33］                //计算第 i 孔的 X 坐标值
N8070 #102＝#31+#18×SIN［#33］                //计算第 i 孔的 Y 坐标值
N8080 G90 G81 G98 X#101 Y#102 Z#26 R#3 F#9   //钻削第 i 孔
N8090 #32＝#32+1                             //计数器对孔序号 i 计数累加
N8100 #100＝#100+1                           //计算已加工孔数
N8110 END1                                   //孔加工循环体结束
N8120 #101＝#30                              //返回 X 坐标初值
N8130 #102＝#31                              //返回 Y 坐标初值
M99                                          //宏程序结束
```

在主程序中调用上述宏程序的格式为：

G65 P8000 A ＿ C ＿ F ＿ H ＿ R ＿ Z ＿

上述程序段中各文字变量后的值均应按零件图样中的给定值赋给 。

3.1.3　具备对产品质量进行检测和控制的能力

1. 量具的选择

量具是测量零件的尺寸、角度、形状精度和相互位置精度等所用的测量工具和仪器。由于零件有各种不同形状和不同精度的要求，因此量具也有各种不同类型、规格和测量精度。游标卡尺应用较广泛，它可以直接测量出工件的内外直径、长度、宽度和深度等尺寸。游标卡尺的分度值一般为 0.1mm、0.05mm、0.02mm 三种。

（1）游标卡尺的结构形状　游标卡尺有很多式样，常用的有以下几种：

1）三用游标卡尺。三用游标卡尺由尺身和游标组成，如图 3-11 所示。松开螺钉即可测量，下量爪用来测量工件外径或长度，上量爪用来测量孔径或槽宽，深度尺用来测量工件的深度。测量时移动游标先使其得到需要的尺寸，取得尺寸后，将螺钉锁紧后读出尺寸，以防止尺寸变动。

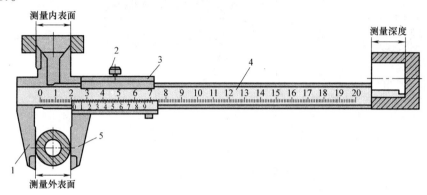

图 3-11　三用游标卡尺

1—固定卡脚　2—螺钉　3—游标　4—尺身　5—活动卡脚

2）双面游标卡尺。双面游标卡尺如图 3-12 所示。为了调整尺寸方便，在游标上增加了微调装置 5。测量时旋紧微调紧固螺钉 4，松开游标螺钉 2，用手指转动滚花螺母 7，通过小螺杆 8 可微调游标的尺寸。上量爪 1 用来测量沟槽直径或孔距，下量爪 9 用来测量工件外径和内径。测量内径时，游标卡尺的读数值必须加上下量爪的厚度（一般为 10mm）。

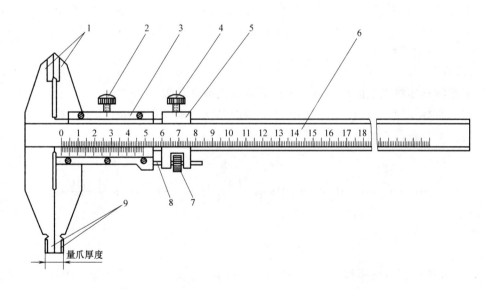

图 3-12　双面游标卡尺

1—上量爪　2—游标螺钉　3—游标　4—微调紧固螺钉　5—微调装置　6—尺身
7—滚花螺母　8—小螺杆　9—下量爪

3）新型游标卡尺。随着科技的进步，目前在实际使用中有更为方便的带表游标卡尺和电子数显游标卡尺。带表游标卡尺（图 3-13a）可以通过指示表读出测量的尺寸，电子数显游标卡尺（图 3-13b）是利用电子数字显示原理，对两个量爪相对移动分隔的距离进行读数的一种长度测量工具。

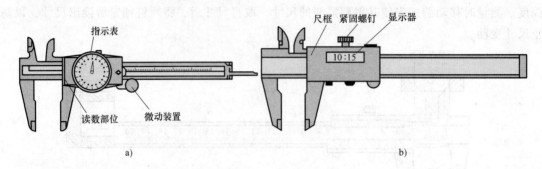

图 3-13　新型游标卡尺

a）带表游标卡尺　b）电子数显游标卡尺

（2）游标卡尺的读数原理及方法　以分度值为 0.02mm 的精密游标卡尺（图 3-14）为例，这种游标卡尺由带固定卡脚的尺身和带活动卡脚的游标组成。在游标上有游标固定螺钉。尺身上的刻度以 mm 为单位，每 10 格分别标以 1、2、3 等，以表示 10mm、20mm、30mm 等。这种游标卡尺是把尺身 49mm 的长度分为 50 等份，即每格为 0.98mm。尺身和游标的每格相差 0.02mm，即测量精度为 0.02mm。如果用这种游标卡尺测量工件，测量前，尺身与游标的零线是对齐的。测量时，游标相对尺身向右移动，若游标的第 1 格正好与尺身的第 1 格对齐，则工件的尺寸为 0.02mm。同理，测量尺寸为 0.06mm 或 0.08mm 的工件时，应该是游标的第 3 格正好与主尺的第 3 格对齐，或游标的第 4 格正好与尺身的第 4 格对齐。

读数可分三步：

1）根据游标零线以左的尺身上的最近刻度读出整毫米数。

2）根据游标零线以右与尺身上的刻度对准的刻线数乘以 0.02mm 读出小数。

3）将上面整数和小数两部分加起来，即为总尺寸。

图 3-14　卡尺读数

如图 3-14 所示，游标零线以左尺身的刻度为 64mm，游标零线后的第 9 条线与主尺的一条刻线对齐。游标零线后的第 9 条线表示 0.18 mm，所以被测工件的尺寸为 64mm + 0.18mm = 64.18mm。

（3）游标卡尺的使用　游标卡尺可用来测量工件的宽度、外径、内径和深度，具体使用方法如图 3-15 所示。

（4）游标卡尺的使用注意事项　游标卡尺是比较精密的量具，使用时应注意如下事项：

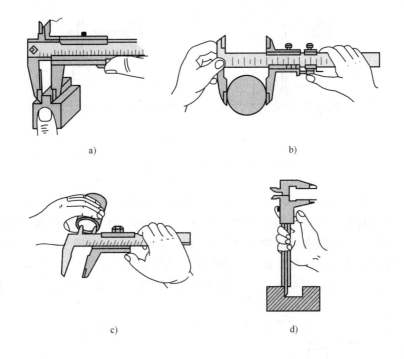

图 3-15 游标卡尺的使用

a）测量工件宽度 b）测量工件外径 c）测量工件内径 d）测量工件深度

1）使用前，应先擦干净两量爪测量面，合拢两量爪，检查游标零线与尺身零线是否对齐，若未对齐，应根据原始误差修正测量读数。

2）测量工件时，量爪测量面必须与工件的表面平行或垂直，不得歪斜，且用力不能过大，以免量爪变形或磨损，影响测量精度。

3）读数时，视线要垂直于尺面，否则测量值不准确。

4）测量内径尺寸时，应轻轻摆动，以便找出最大值。

5）游标卡尺用完后，仔细擦净，抹上防护油，平放在盒内，以防生锈或弯曲。

2. 平面的精度检验

（1）平面度的检验 检验平面度最常用的方法是用样板平尺，此外也可用平板以涂色法进行检验。检验时，在被检验的平面上涂一层极薄的显示剂（红丹粉或红油），然后将工件放在平板上，平稳地前后左右移动几下，再取下工件查看平面上摩擦痕迹的分布情况，就可以确定平面度的好坏了。

（2）平行度的检验 工件上两平面之间的平行度可以用下面的方法进行检验：

1）用外径千分尺测量工件上相隔较远的几点处的厚度尺寸，尺寸的差值就等于平行度误差。

2）用百分表在平板上检验，如图 3-16a 所示。将工件和百分表表架都放在平板上，百分表的测头顶在工件上平面上，然后移动百分表表架，百分表读数的变动量就等于平行度误差。

3）检验阶梯平面的平行度时，可以把百分表表架放在其中一个平面上，将百分表测头

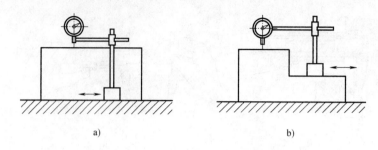

图 3-16　用百分表检验平行度

抵住另一个平面，如图 3-16b 所示，然后移动百分表表架进行测量。

（3）垂直度的检验　检验小型工件两平面的垂直度时，可以把样板角尺的两个尺边接触工件的垂直平面，并根据透光情况来判断垂直度误差的大小（图 3-17）。工件尺寸较大时，可以将工件和角尺一起放在平板上，角尺的一边紧靠在工件的垂直平面上（图 3-18），根据角尺与工件表面间缝隙的大小（用塞尺测定或根据光隙大小估计），就可以确定垂直度误差了。

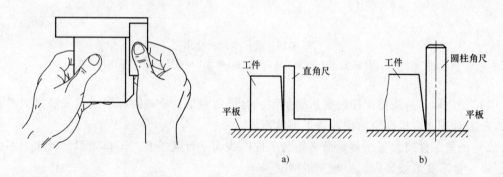

图 3-17　用角尺检验垂直度　　　　图 3-18　用角尺在平板上检验垂直度

两平面间的垂直度也可以用百分表在平板上进行检验。如图 3-19a 所示，将直角尺的底面紧贴在工件的垂直平面上，然后使百分表的测头沿着角尺的另一边移动；如图 3-19b 所示，工件固定在精密角铁上，百分表测头沿着工件上的一个平面移动。百分表在距离为 l 的两点上的读数差，就是工件在该距离上的垂直度误差。检验时应注意：百分表测头的移动方向必须垂直于工件上与直角尺（或角铁）相接触的那个平面。

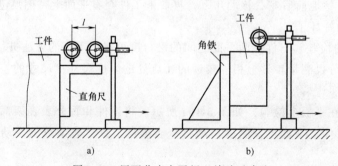

图 3-19　用百分表在平板上检验垂直度

（4）角度的检验 斜面与基准平面间的夹角，如果要求不太高，可以用角度尺或游标万能角度尺检验；要求较高时，可以用正弦规检验，检验的方法与检验圆锥体的锥度相同。

3.2 考核与评价

3.2.1 考核与评价方案设计

考核与评价方案设计过程见表 3-6~表 3-8

表 3-6 模具零件数控铣削加工生产性实训方案

课程名称		教师姓名		使用设备名称编号	
产品名称		领用材料		生产时间	
使用工具清单（测绘备料人员完成）		加工工艺分析（由工艺编制人员完成）			
1		外形尺寸、加工内容分析			
2		定位基准、加工顺序分析			
3					
4		顶面、轮廓、钻孔的切削用量分析			
5					

工序号	工序内容	刀具规格	主轴转速/(r/min)	进给速度/(mm/min)	背吃刀量/mm	刀具补偿/mm
1						
2						
3						
4						
5						

产品检验	测量部位	理论尺寸	实测尺寸	结论	产品检验	测量部位	理论尺寸	实测尺寸	结论
1					5				
2					6				
3					7				
4					8				
生产结论		生产小组成员签字：							

说明：请另附页完成测绘工程图，程序编制后统一装订。

表 3-7　模具零件数控铣削加工生产性实训项目考核卡

姓名		实训时间			
班级		实训地点			
学号		指导教师			

序号		考核项目	具体要求、指标	分数	项目得分
1	加分考核项目	基础编程操作能力考核项目	完成教师指定的模具零件的数控加工。编程与加工各占15分。根据完成质量酌情给分	30	
2		生产性实训团队考核项目一	组建试生产小组,完成教师指定凸模零件的数控加工,要求依据测绘、备料、工艺编制、程序编制、数控加工、产品检验等生产流程进行分工协作,最后由教师判定成绩	35	
3		生产性实训团队考核项目二	轮换生产小组中所承担的岗位,完成教师指定凹模零件的数控加工,要求依据测绘、备料、工艺编制、程序编制、数控加工、产品检验等生产流程进行分工协作,最后由教师判定成绩	35	
4	减分考核项目(6S现场管理法)	整理(SEIRI)	基础考核每2人1块工件,生产考核每1组1块工件;交接班记录本1本;根据工具箱盖板上所列工具清单清点工具,保证工具完好无损。其他物品听从基地管理人员安放在指定位置。不允许有其他纸片杂物,有多余杂物未按教师指定位置安放的,发现一次责任人扣5分		
5		整顿(SEITON)	所有工具必须安放在指定位置,刀具与工具放置在工具箱下柜第一层,工件放置在下柜第二层,图样可放置在工具箱台面。相互之间未经教师批准不得将工具借予他人使用。若发现有丢失工具情况,由责任人负责找回扣5分,小组其他成员每人扣2分,若无法找回按实训场所规定赔偿		
6		清扫(SEISO)	保持所使用机床的四周干净整洁,每天必须安排团队成员负责打扫,机床工作台保持干净。打扫不干净或没有打扫的,发现一次,责任人扣5分,小组其他成员每人扣2分		
7		清洁(SEIKETSU)	随时保持以上3S成果,同一项目小组违反2次,小组成员每人扣5分		
8		素养(SHITSUKE)	养成良好的习惯。开机之前填写接班记录,按教师规定完成每天的实习任务,实习途中发生任何意外均须记录在交接班记录本上并及时处理。实习结束时填写交班记录并上交钥匙。发现违反一次责任人扣5分 按时参加实习,有特殊情况必须请假,无故迟到早退者每次扣5分,无故旷课者每次扣10分		
9		安全(SECURITY)	每次实习均须穿好工作服,女生必须佩戴工作帽,衣冠整洁,严禁穿拖鞋、背心进场,发现违反当日不得参加实训,并扣10分 在实习期间不得离开各自工作岗位,不得在生产车间追逐打闹,不得坐于工具箱或电柜箱之上,不得坐在地上,不得玩手机,发现违反每次扣5分。安全实习,若有违反安全操作规程的,每次扣10分,情况严重者取消实习资格		

成绩评定:<60分为不及格、60~70分为及格、70~80分为中等、80~90分为良好、90~100分为优秀	合计得分	

备注	

表 3-8 设备定期保养检查记录表

日期		设备名称		型号规格	
设备编号		使用部门		保养人	
项 目	主 要 检 查 内 容		评定等级			
		优秀	良好	合格	整改
整齐	1. 工具箱内及周围工具、工件、设备附件放置整齐				
	2. 操作面板、手柄及标示牌齐全、清洁				
	3. 管道及线路整齐				
清洁	1. 设备外表及工作台等均无油污、无碰伤、无锈蚀				
	2. 设备各基准定位面保持清洁				
	3. 基本无漏气、漏水、漏油现象				
	4. 清洗空气滤网				
	5. 设备内外清洁、无黄袍、漆见本色、铁见光,周围无积存的铁屑、垃圾				
润滑	1. 油路通畅,加油、注油器具清洁齐全				
	2. 按时加油、换油,油质符合要求,油标明亮,润滑良好				
	3. 清理切削液滤网,必要时更换				
安全	1. 防护装置齐全可靠,无漏电现象				
	2. 检查各控制开关及动作是否顺畅				
	3. 实行定人定机,认真填写交接班记录,遵守安全技术操作规程				
总 评					
指导教师		设备管理员		设备状态	A. 完好设备 B. 待修设备 C. 暂定使用设备
备注					

3.2.2 考核试题库

考核试题如图 3-20~图 3-26 所示。

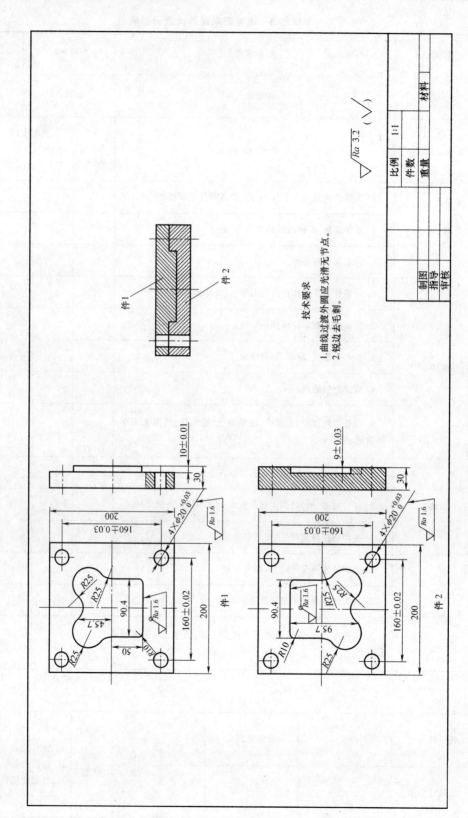

图 3-20 考核试题 1

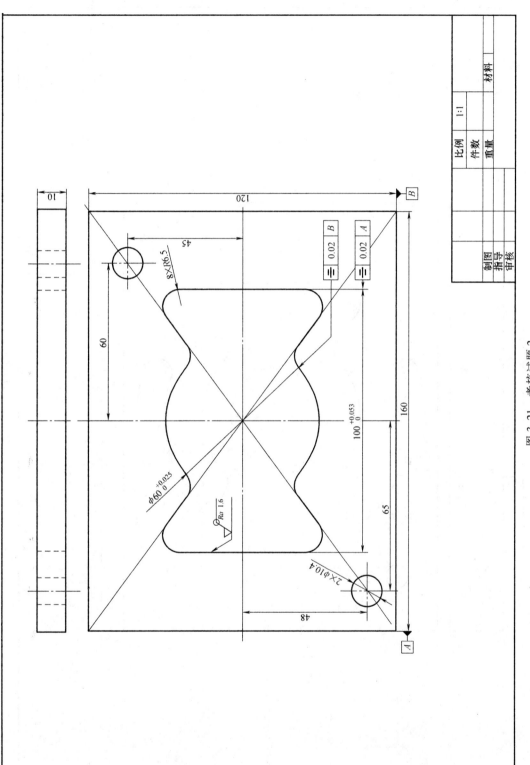

图 3-21 考核试题 2

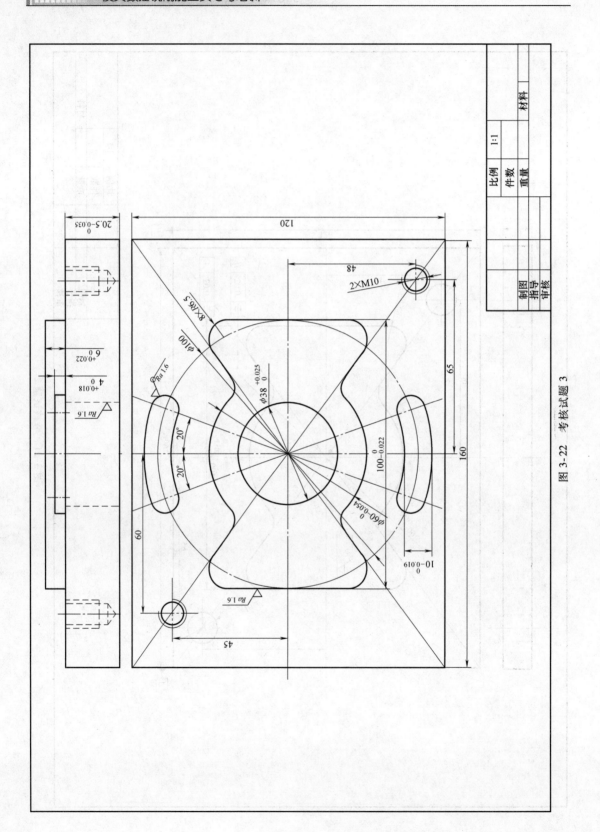

图 3-22 考核试题 3

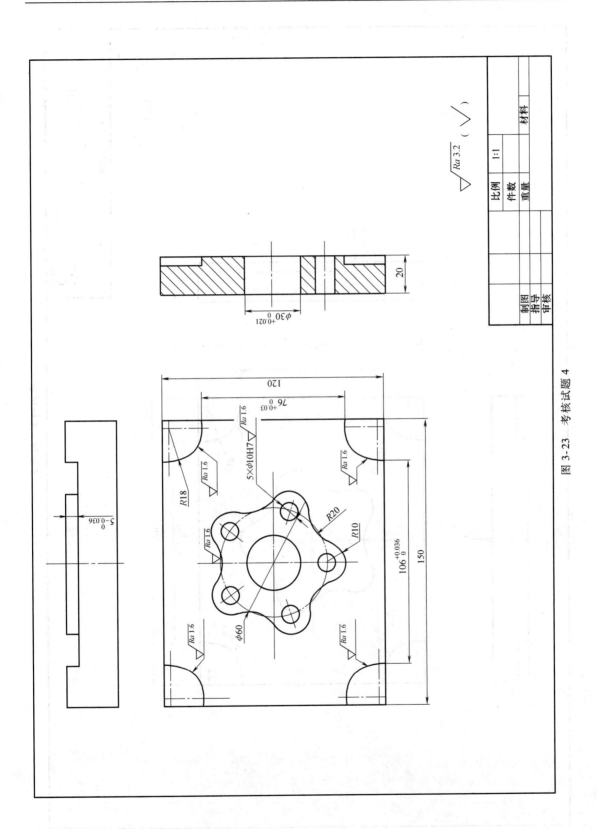

图 3-23 考核试题 4

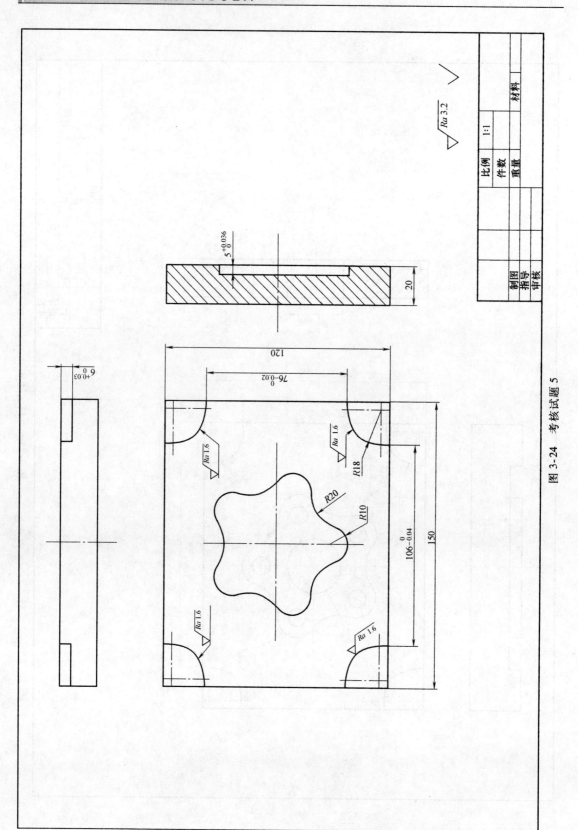

图 3-24　考核试题 5

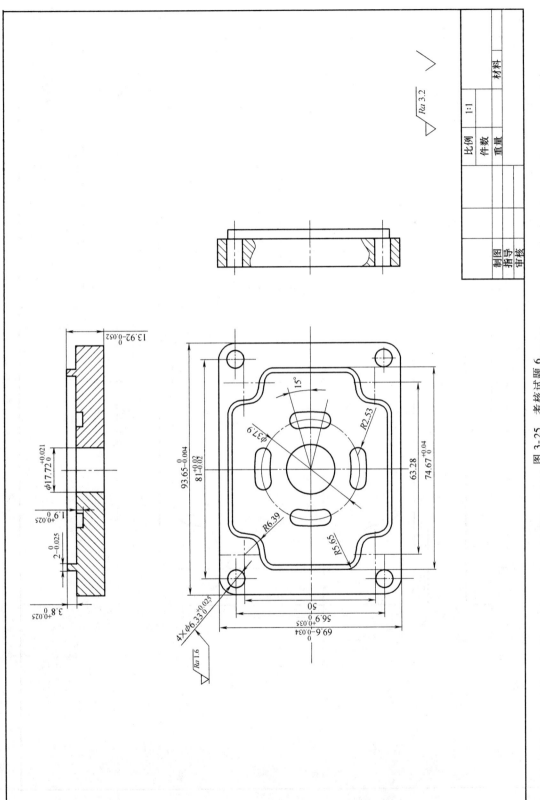

图 3-25 考核试题 6

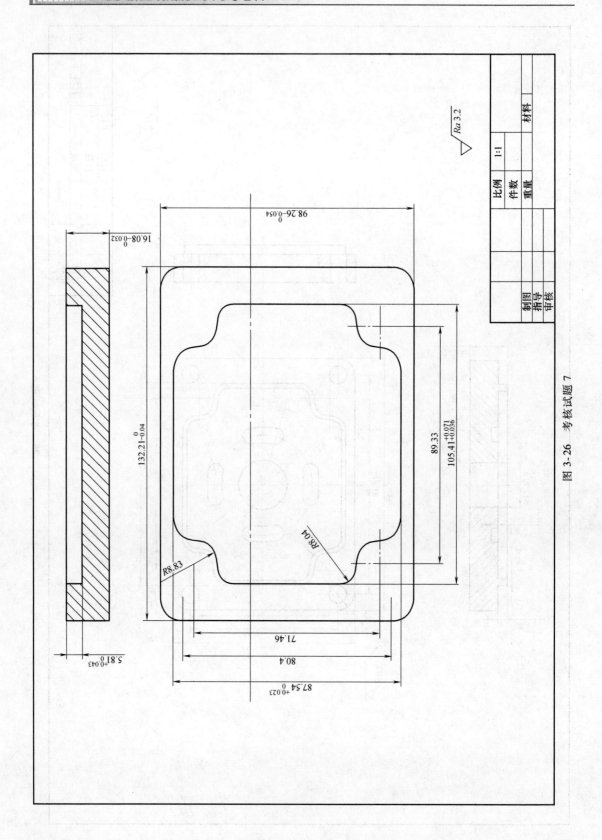

图 3-26 考核试题 7

附　录

附录 A　部分程序错误报警代码表

代码	信息	内　容
000	请关闭电源	设置了需要关闭电源的参数后必须关闭电源
001	TH 奇偶校验报警	TH 报警(输入了不正确的奇偶校验字符)。请纠正纸带
002	TV 奇偶校验报警	TV 报警(程序段中的字符数是奇数)。TV 检查有效时,此报警将发生
003	数字位太多	输入了超过允许位数的数据
004	地址没找到	在程序段的开始无地址而输入了数字或字符"—"。修改程序
005	地址后面无数据	地址后面无适当数据而是另一地址或 EOB 代码。修改程序
006	非法使用负号	符号"—"输入错误(在不能使用负号的地址后输入了"—"符号或输入了两个或多个"—"符号)。修改程序
007	非法使用小数点	小数点"."输入错误(在不允许使用的地址中输入了"."符号,或输入了两个或多个"."符号)。修改程序
009	输入非法地址	在有效信息区输入了不能使用的字符。修改程序
010	不正确的 G 代码	使用了不能使用的 G 代码或指令了无此功能的 G 代码
011	无进给速度指令	在切削进给中未指令进给速度或进给速度不当。修改程序
014	不能指令 G95	没有螺纹切削/同步进给功能时,指令了同步进给
015	指令了太多的轴	超过了允许的同时控制轴数
020	超出半径公差	在圆弧插补(G02 或 G03)中,起始点与圆弧中心的距离不同于终点与圆弧中心的距离,差值超过了参数 3410 中指定的值
021	指令了非法平面轴	在圆弧插补中,指令了不在所选平面内(用 G17、G18、G19 指定)的轴。修改程序
022	没有圆弧半径	在圆弧插补中,不管是 R(指定圆弧半径),还是 I、J 和 K(指定从起始点到中心的距离)都没有被指令
025	在 G02/G03 中不能指令 F0	在圆弧插补中,指令了 F1 位数 F0。修改程序
027	在 G43/G44 中没有轴指令	在刀具长度补偿 C 的程序段 G43 和 G44 中,没有指定轴地址。补偿未被取消,但另一轴加了刀具长度补偿 C。修改程序
028	非法的平面选择	在平面选择指令中,同一方向上指令了两个或更多的轴

（续）

代码	信息	内　容
029	非法偏置值	由 H 代码指定的补偿值太大。修改程序
030	非法补偿号	由 D/H 代码指定的刀具长度补偿号或刀具半径补偿号太大。另外，由 P 代码指定的工件坐标系号也太大。修改程序
031	G10 中有非法 P 指令	由 G10 设定偏置量时，偏置号的指令 P 值过大或未被指定
032	G10 中有非法补偿值	由 G10 设定偏置量时或由系统变量写入偏置量时，偏置量过大
033	在 CRC[①] 中无结果	刀具补偿 C 方式中的交点不能确定。修改程序
034	圆弧指令时不能起刀或取消刀补	刀具补偿 C 方式中 G02 或 G03 指令时企图起刀或取消刀补
036	不能指令 G31	在刀具补偿方式中，指令了跳转切削（G31）。修改程序
037	在 CRC 中不能改变平面	由 G17、G18 或 G19 选择的平面在刀具补偿 C 中被改变
038	在圆弧程序段中的干涉	在刀具补偿 C 方式中，将出现过切，因为圆弧起始点或终止点与圆弧中心相同。修改程序
041	在 CRC 中有干涉	在刀具补偿 C 方式中，将出现过切。刀具补偿方式下连续指令了两个没有移动指令而只有停刀指令的程序段。修改程序
042	在 CRC 中不允许指令 G45/G48	在刀具半径补偿中，指令了刀具偏置（G45～G48）
044	在固定循环中不允许指令 G27/G30	在固定循环方式中，指令了 G27～G30 中的一个
045	地址 Q 未发现（G73/G83）	在固定循环 G73/G83 中，没有每次切深（Q）指定。修改程序
046	非法的参考点返回指令	在第 2、3、4 参考点返回指令中，指令了 P2、P3 和 P4 之外的指令
050	在螺纹切削程序段中不允许 CHF/CNR[②]	在螺纹切削程序段中，指定了倒角和拐角 R。修改程序
051	在 CHF/CNR 之后错误移动	在倒角或拐角 R 后面的程序段中指定了错误的移动指令或移动距离。修改程序
052	在 CHF/CNR 之后不是 G01 代码	倒角或拐角 R 后面的程序段，不是 G01、G02 或 G03 指令
053	太多的地址指令	在没有 CHF/CNR 功能的系统中，指令了逗号。在有 CHF/CNR 功能的系统中，在逗号之后指令了 R 或 C 之外的符号。修改程序
055	CHF/CNR 中错误的移动值	在任意倒角或拐角 R 的程序段中，移动距离小于倒角或拐角 R 值
058	未发现终点	在任意倒角或拐角 R 的程序段中，指定轴不在所选择的平面内
059	未发现程序号	在外部程序号检索或外部工件号检索中，未发现指定程序号，或者指定的程序在背景中被编辑，或者内存中没有非模态宏程序调用的程序。请检查程序号和外部信号，或中止背景编辑
060	未发现顺序号	在顺序号搜寻中未发现指令的顺序号。检查顺序号
070	存储器容量不足	内存不足。删除不必要的程序，重试
071	未发现数据	未发现要搜寻的地址，或在程序检索中未发现指定程序号的程序。检查数据
072	太多的程序数量	存储的程序数量超过 63（基本）或 200（选择）个。删除不要的程序，重新执行程序存储

（续）

代码	信息	内　容
073	程序号已经使用	被指令的程序号已经使用。改变程序号或删除不要的程序，重新执行程序存储
074	非法程序号	程序号为 1~9999 之外的数。改变程序号
075	保护	企图存储一个被保护的程序号
076	没有定义地址 P	在 M98、G65 或 G66 的程序段中未指令地址 P（程序号）
077	子程序嵌套错误	子程序调用超过了 5 重。修改程序

① 程序校验。

② 倒角/倒圆。

附录 B　各类刀具常用切削加工参数

表 B-1　铣削刀具常用切削参数

刀具种类	主轴转速 /(r/min)	进给速度 /(mm/min)	背吃刀量 /mm	加工类型	备注
φ16mm 硬质合金立铣刀	800	120	≤8	粗加工	
φ12mm 硬质合金立铣刀	1200	100	≤6		
φ10mm 硬质合金立铣刀	1300	120	≤5		
φ8mm 硬质合金立铣刀	1600	100	≤4		
φ16mm 硬质合金立铣刀	1600	150		精加工	转角处、Z 向下刀 F50
φ12mm 硬质合金立铣刀	2400	200			
φ10mm 硬质合金立铣刀	2600	200			
φ8mm 硬质合金立铣刀	3000	200			
φ16mm 高速钢立铣刀	350	70	≤8	粗加工	
φ12mm 高速钢立铣刀	530	70	≤6		
φ10mm 高速钢立铣刀	650	70	≤5		
φ8mm 高速钢立铣刀	800	70	≤4		
φ16mm 高速钢立铣刀	400	80		精加工	转角处、Z 向下刀 F50
φ12mm 高速钢立铣刀	600	80			
φ10mm 高速钢立铣刀	750	80			
φ8mm 高速钢立铣刀	850	80			

表 B-2　钻削刀具常用切削参数

刀具种类	主轴转速 /(r/min)	进给速度 /(mm/min)	背吃刀量 /mm	加工类型	备注
φ12mm 铰刀	150	30			
φ11.7mm 扩孔钻	600	60		φ12mm 孔	
φ8.5mm 钻头	600	60			
φ10mm 铰刀	200	35			
φ9.8mm 扩孔钻	650	65		φ10mm 孔	
φ8.5mm 钻头	600	60			
φ8mm 铰刀	250	35			
φ7.8mm 扩孔钻	650	70		φ8mm 孔	
φ6mm 钻头	700	60			

表 B-3　攻螺纹刀具常用切削参数

刀具种类	主轴转速 /(r/min)	进给速度 /(mm/min)	背吃刀量 /mm	加工类型	备注
M12 丝锥	30	52.5		M12 螺纹孔	
φ10.2mm 钻头	500	50			
M10 丝锥	30	45		M10 螺纹孔	
φ8.5mm 钻头	600	60			
M8 丝锥	30	37.5		M8 螺纹孔	
φ6.7mm 钻头	650	65			

表 B-4　镗孔刀具常用切削参数

刀具种类	主轴转速 /(r/min)	进给速度 /(mm/min)	背吃刀量 /mm	加工类型	备注
微调镗刀	800	40		φ35～40mm 孔	
φ16mm 硬质合金键槽铣刀	800	120	≤15		
φ25mm 钻头	200	25			
微调镗刀	1000	50		φ30～35mm 孔	
φ16mm 硬质合金键槽铣刀	800	120	≤15		
φ25mm 钻头	200	25			
微调镗刀	1200	60		φ25～30mm 孔	
φ16mm 硬质合金键槽铣刀	800	120	≤15		
φ20mm 钻头	250	30			

参 考 文 献

[1] 杨刚. 模具数控加工 [M]. 重庆：重庆大学出版社，2013.

[2] 吕国伟. 模具数控加工 [M]. 北京：机械工业出版社，2012.

[3] 单岩. 模具数控加工 [M]. 北京：机械工业出版社，2005.

[4] 贾慈力. 模具数控加工技术 [M]. 2版. 北京：机械工业出版社，2011.

[5] 朱燕青. 模具数控加工技术 [M]. 北京：机械工业出版社，2002.

[6] 刘宏军. 模具数控加工技术 [M]. 大连：大连理工大学出版社，2007.

[7] 陈子银. 模具数控加工技术 [M]. 北京：人民邮电出版社，2006.

[8] 刘国良，张景黎. 模具数控加工实训教程 [M]. 北京：化学工业出版社，2010.

[9] 黄芸. 模具数控加工实训教程 [M]. 北京：国防工业出版社，2006.

[10] 刘华刚，何兵. 模具数控加工技术与实训 [M]. 北京：科学出版社，2008.

[11] 王浩钢，田喜荣. 模具数控编程与加工 [M]. 北京：机械工业出版社，2011.

[12] 付晋. 数控铣床加工工艺与编程 [M]. 北京：机械工业出版社，2009.

[13] 王荣兴. 加工中心培训教程 [M]. 2版. 北京：机械工业出版社，2014.